多发点过程上
风险模型研究初探

Duofadian Guochengshang
Fengxian Moxing Yanjiu Chutan

薛英 著

WUHAN UNIVERSITY PRESS
武汉大学出版社

图书在版编目(CIP)数据

多发点过程上风险模型研究初探/薛英著.—武汉：武汉大学出版社,2020.12(2022.4重印)

ISBN 978-7-307-21298-5

Ⅰ.多… Ⅱ.薛… Ⅲ.数学模型—研究 Ⅳ.O141.4

中国版本图书馆 CIP 数据核字(2019)第 268996 号

责任编辑:鲍 玲 责任校对:李孟潇 版式设计:马 佳

出版发行：**武汉大学出版社** （430072 武昌 珞珈山）

（电子邮箱：cbs22@whu.edu.cn 网址：www.wdp.com.cn）

印刷：武汉邮科印务有限公司

开本:720×1000 1/16 印张:7.25 字数:130 千字 插页:1

版次:2020 年 12 月第 1 版 2022 年 4 月第 2 次印刷

ISBN 978-7-307-21298-5 定价:25.00 元

前　　言

随机过程与现代精算风险理论,在金融保险业中有着重要的作用,本书运用随机过程和风险理论,对一些风险模型在多发点过程上作了一些推广,并给出一些模型的 Gerber-Shiu 期望折现罚金函数及相应的应用,本书的研究结果对金融保险行业具有一定的指导作用.

全书一共分为 5 章,内容结构如下:

第 1 章回顾了概率论及随机过程的一些常用知识,如分布函数、条件概率、条件数学期望,几种随机过程及相应的结论.

第 2 章简单介绍了卷积、分布函数的变换,还有几种常见的风险模型,并给出了常用的一些定义,以及结论.

第 3 章首先将古典风险模型在多发点过程上作了推广,并将泊松分布中的一跳换为多跳. 在给出模型后,将新模型进行转化,使其具有古典风险模型形式;然后对新模型与古典模型当 $N(t)$ 与 $N_R(t)$ 为齐次泊松过程和 $N(t)$ 与 $N_R(t)$ 为 Cox 过程时作了比较;最后计算出新模型的负盈余持时间分布.

第 4 章首先简要介绍了 Gerber-Shiu 平均折现罚金函数及有关该函数的一些重要研究结果. 然后,阐述了 Gerber-Shiu 函数在带阈值分红策略时所满足的一些性质;随后又讨论了对偶复合泊松模型的扩展问题——收益产生的时间间隔和接下来的收益量不再是独立的,而是通过引入一个 FGM Copula 建立它们之间的相关关系,并用概率分析的方法给出 Gerber-Shiu 期望折现罚金函数;最后,考虑到索赔时间间隔和接下来的索赔额具有相依关系的对偶模型,利用 CGM Copula 描述二者的相依关系,在其有常分红壁的前提下,推导出了 G-S 函数所满足的积分微分方程.

第 5 章主要呈现新模型的表达形式,同时定义了"多发"点过程以及给出了 Erlang 分布的表达. 重点是将新模型转化成我们熟悉的古典风险模型的表达形式并证明其同样具有优良的性质. 在此基础上还分析了新模型的 Gerber-Shiu 函数, 经过了 Erlang(n) 模型→Erlang(2) 模型→新模型的推演过程, 中间推导出新模型的 Gerber-Shiu 函数的更新方程以及破产时刻的矩的表达形式, 并进行了数据模拟. 最后, 还分析了新模型下关于盈余首次达到特定水平时刻的一些结论和破产前最大盈余水平的概率问题.

目　　录

第1章 基础知识

§1.1 概率

1.1.1 概率的概念

概率论的一个基本概念是随机试验. 一个试验(或是观察), 若它的结果无法预先确定, 则称之为随机试验, 简称为试验. 所有试验的可能结果组成的集合, 称为样本空间, 记作 Ω, Ω 中的元分析则称为样本点, 用 ω 来表示. 由 Ω 的某些样本点构成的子集合, 常用大写字母 A, B, C 等表示, 由 Ω 中的若干子集构成的集合称为集类, 一般用花写字母来表示(本书中由于录入原因, 都用大写字母表示, 如用 A, B 等表示).

由于并不是在所有的 Ω 的子集上都能方便地定义概率, 一般只限制在满足一定条件的集类上研究概率性质, 为此引入 σ 域的概念.

定义 1 设 F 为由 Ω 的某些子集构成的非空集类, 若满足:

(1)若 $A \in F$, 则 $A^c \in F$, A^c 是 A 的补集, 即 $A^c = \bar{A} = \Omega - A$;

(2)若 $A_n \in F$, $n \in N$, 则 $\bigcup\limits_{n=1}^{\infty} A_n \in F$;

则称 F 为 σ 域(σ 代数), 称(Ω, F)为可测空间.

容易验证, 若 F 为 σ 域, 则 F 对可列次交、并、补、差等运算封闭, 即 F 中的任何元素经可列次运算后仍属于 F. 例如: 集类 $F_0 = \{\varnothing, \Omega\}$, $F_1 = \{\varnothing, A, A^c, \Omega\}$ 及 $F_2 = \{A: \forall A \subset \Omega\}$ 均是 σ 域, 但集类 $A = \{\varnothing, A, \Omega\}$ 不是 σ 域.

通常最关心的是包含所要研究对象的最小 σ 域,设 A 为由 Ω 的某些子集构成的集类. 一切包含 A 的 σ 域的交,记为 $\sigma(A)$,称 $\sigma(A)$ 为由 A 生成的 σ 域,或称为包含 A 的最小 σ 域,例如 $A = \{\varnothing, A, \Omega\}$,则 $\sigma(A) = \{\varnothing, A, A^c, \Omega\}$. 一维博雷尔域,记为 $\boldsymbol{B}$,即 $\boldsymbol{B} = \sigma((-\infty, a], \forall a \in \mathbf{R})$.

定义 2 设 $(\Omega, \boldsymbol{F})$ 为可测空间,P 是一个定义在 F 上的集函数,若满足:

(1) $P(A) \geqslant 0, \forall A \in \boldsymbol{F}$ (非负性);

(2) $P(\Omega) = 1$ (规一性);

(3) 若 $A_i \in F, i = 1, 2, \cdots,$ 且 $A_i A_j = \varnothing, \forall i \neq j,$ 有

$$P(\bigcup_{i=1}^{\infty} A_i) = \sum_{i=1}^{\infty} P(A_i) \quad (可列可加性)$$

则称 P 为可测空间 $(\Omega, \boldsymbol{F})$ 上的一个概率测度,简称概率,称 $(\Omega, \boldsymbol{F}, P)$ 为概率空间,称 $\boldsymbol{F}$ 为事件域. 若 $A \in F$,则称 A 为随机事件,简称为事件,称 $P(A)$ 为事件 A 的概率.

1.1.2 概率的基本性质

事件的概率刻画了事件出现可能性的大小,概率的基本性质如下:

(1) $P(\varnothing) = 0, P(A^c) = 1 - P(A)$;

(2) 若 $A_1, A_2, \cdots, A_n$ 互不相容,则 $P\left(\bigcup_{i=1}^{n} A_i\right) = \sum_{i=1}^{n} P(A_i)$ (有限可加性);

(3) 对任意两个事件 A 及 B,有

$$P(A \cup B) = P(A) + P(B) - P(AB)$$

$$P(A - B) = P(A) - P(AB);$$

(4) 若 $A \subset B$,则 $P(A) \leqslant P(B)$;

(5) (若尔当公式) 对任意 $A_1, A_2, \cdots, A_n$,有

$$P(\bigcup_{i=1}^{n} A_i) = \sum_{i=1}^{n} P(A_i) - \sum_{1 \leqslant i < j \leqslant n} P(A_i A_j) + \sum_{1 \leqslant i < j < k \leqslant n} P(A_i A_j A_k) -$$

$$\cdots (-1)^{n+1} P(A_1 A_2 \cdots A_n)$$

$$P(\bigcup_{i=1}^{n} A_i) \leqslant \sum_{i=1}^{n} P(A_i)$$

概率的一个重要性质是它具有连续性，为此先引入事件列的极限.

一事件列 $\{A_n, n \geqslant 1\}$ 称为单调增序列，若 $A_n \subset A_{n+1}$，$n \geqslant 1$，称为单调减序列；若 $A_n \supset A_{n+1}$，$n \geqslant 1$，如果 $\{A_n, n \geqslant 1\}$ 是单调增序列，定义 $\lim\limits_{n \to \infty} A_n = \bigcup_{i=1}^{\infty} A_i$，如果 $\{A_n, n \geqslant 1\}$ 是单调减序列，定义 $\lim\limits_{n \to \infty} A_n = \bigcap_{i=1}^{\infty} A_i$.

连续性定理如下[33]：

命题 1　若 $\{A_n, n \geqslant 1\}$ 是单调增序列（可减序列），则

$$\lim_{n \to \infty} P(A_n) = P(\lim_{n \to \infty} A_n)$$

命题 2　设 $\{A_n, n \geqslant 1\}$ 是一事件序列，若 $\sum\limits_{i=1}^{\infty} P(A_i) < \infty$，则

$$P(\limsup_{i \to \infty} A_i) = 0$$

其中 $\limsup\limits_{i \to \infty} A_i \overset{\Delta}{=} \bigcap\limits_{n=1}^{\infty} \bigcup\limits_{i=n}^{\infty} A_i$.

1.1.3　事件间的关系

下面讨论事件之间的一种重要关系，即事件的独立性问题.

两个事件 A，$B \in \boldsymbol{F}$，若满足 $P(AB) = P(A)P(B)$，则称事件 A 与 B 相互独立. 容易证明下列命题等价：① A 与 B 相互独立；② A 与 B^c 相互独立；③ $P(A \mid B) = P(A)$；④ $P(A \mid B^c) = P(A)$.

三个事件 A，B，$C \in \mathrm{F}$，若满足：

$P(AB) = P(A)P(B)$；

$P(AC) = P(A)P(C)$；

$P(BC) = P(B)P(C)$；

$P(ABC) = P(A)P(B)P(C)$，

则称这三个事件 A，B，C 相互独立，这个也容易证明.

n 个事件的情形，有 n 个事件 A_1，A_2，$\cdots$，$A_n \in \boldsymbol{F}$，若对其任意 $k(2 \leqslant k \leqslant n)$ 个事件 A_{i_1}，A_{i_2}，$\cdots$，$A_{i_k}(1 < i_1 < i_2 < \cdots < i_k \leqslant n)$，有 $P(A_{i_1}, A_{i_2}, \cdots, A_{i_k}) = P(A_{i_1})P(A_{i_2}) \cdots P(A_{i_k})$，则称这 n 个事件 A_1，A_2，$\cdots$，A_n 相互独立.

命题 3 若 $\{A_n,\ n \geqslant 1\}$ 是相互独立的事件序列，且 $\sum\limits_{n=1}^{\infty} P(A_n) = \infty$，则有

$$P(\bigcap_{n=1}^{\infty} \bigcup_{i=n}^{\infty} A_i) = 1.$$

§1.2 随机变量、分布函数及数字特征

1.2.1 随机变量与分布函数

考虑一样本空间 Ω，记 **R** 为实数全体的集合，随机变量定义为：

定义 1 设 $(\Omega,\ \boldsymbol{F},\ P)$ 是一个概率空间，$X(\omega)$ 是定义在 Ω 上的单值实函数，如果对 $\forall a \in \mathbf{R}$，有 $\{\omega \mid X(\omega) \leqslant a\} \in F$，则称 $X(\omega)$ 为随机变量.

定义 2 设 X 为 $(\Omega,\ \boldsymbol{F},\ P)$ 上的随机变量，对 $\forall x \in \mathbf{R}$，定义

$$F(x) = P(X \leqslant x) = P(X \in (-\infty,\ x])$$

称 $F(x)$ 为 X 的分布函数.

若随机变量 X 的可能取值的全体是一可数集或有限集，则称 X 是离散型随机变量.

对随机变量 X 的分布函数 $F(x)$，若存在一非负函数 $f(x)$，对 $\forall x \in \mathbf{R}$，有

$$f(x) = \int_{-\infty}^{x} f(u)\,\mathrm{d}u$$

则称 $f(x)$ 为随机变量 X 的概率密度函数. 若 $f(x)$ 连续，则

$$\frac{\mathrm{d}F(x)}{\mathrm{d}x} = f(x)$$

即

$$\lim_{h \to 0} \frac{P(x < X \leqslant x + h)}{h} = f(x)$$

或

$$P(x < X \leqslant x + h) = f(x)h + o(h)$$

以上关系是以后用所谓"微元法"求概率密度函数的依据，为求随机变量 X 的概率密度函数，先求 X 落在一个小区域 $[x,\ x + h]$ 上的概率 $P(x < X \leqslant x +$

h），然后令 $h \to 0$，求其极限

$$\lim_{h \to 0} \frac{P(x < X \leqslant x + h)}{h}$$

即得 $f(x)$.

二维随机变量 (X, Y) 的联合分布函数 $F(x, y)$ 定义为

$$F(x, y) = P(X \leqslant x, Y \leqslant y)$$

X 和 Y 的边缘分布（边界分布）定义为

$$F_X(x) = P(X \leqslant x) = \lim_{y \to +\infty} F(x, y) = F(x, +\infty)$$

$$F_Y(y) = P(Y \leqslant y) = \lim_{x \to +\infty} F(x, y) = F(+\infty, y)$$

若存在一非负函数 $f(x, y)$，对 $\forall (x, y) \in \mathbf{R}^2$，有

$$F(x, y) = \int_{-\infty}^{x} \int_{-\infty}^{y} f(u, v) \, \mathrm{d}u \mathrm{d}v$$

则称 $f(x, y)$ 为 (X, Y) 的联合概率密度函数.

此时，若对 $\forall (x, y) \in \mathbf{R}^2$，有 $F(x, y) = F_X(x) F_Y(y)$，则称随机变量 X 与 Y 独立.

n 维随机向量 $X_1, X_2, \cdots, X_n$ 的联合分布函数可定义为：

$$F(x_1, x_2, \cdots, x_n) = P(X_1 < x_1, X_2 < x_2, \cdots, X_n < x_n)$$

若对 $\forall (x_1, x_2, \cdots, x_n) \in \mathbf{R}^n$，有 $F(x_1, x_2, \cdots, x_n) = F(x_1) F(x_2) \cdots F(x_n)$，则称 $X_1, X_2, \cdots, X_n$ 相互独立. 这里 $F(x_i) = P(X_i \leqslant x_i)$.

容易证明，若 X, Y, Z 相互独立，则 $X \pm Y$ 与 Z 独立，$X \cdot Y$ 与 Z 独立，X/Y 与 Z 独立，更一般地有 $g_1(X, Y)$ 与 $g_2(Z)$ 独立（其中 $g_1(X, Y)$ 与 $g_2(Z)$ 可以是逐段单调或逐段连续函数）.

1.2.2 黎曼-斯蒂尔切斯积分（R-S 积分）

由于后文要用到，这里需引入黎曼-斯蒂尔切斯积分.

设 $F(x)$ 为 $(-\infty, +\infty)$ 上的单调不减右连续函数，$g(x)$ 为 $(-\infty, +\infty)$ 上的单值实函数，$\forall a < b$.

定义 3 任取分点 $a = x_0 < x_1 < x_2 < \cdots < x_{n-1} < x_n = b$，$u_i \in [x_{i-1}, x_i]$，作积分和式

$$\sum_{i=1}^{n} g(u_i)\Delta F(x_i) = \sum_{i=1}^{n} g(u_i)\left[F(x_i) - F(x_{i-1})\right]$$

令 $\lambda = \max_{1\leqslant i\leqslant n}\Delta x_i = \max_{1\leqslant i\leqslant n}(x_i - x_{i-1})$，若极限

$$J(a, b) = \lim_{\lambda\to 0}\sum_{i=1}^{n} g(u_i)\Delta F(x_i)$$

存在，则记

$$J(a, b) = \int_a^b g(x)\mathrm{d}F(x) \qquad \left(\text{或} \int_a^b g(x)F(\mathrm{d}x)\right)$$

称极限 $J(a, b)$ 为 $g(x)$ 关于 $F(x)$ 在 $[a, b]$ 上的 R-S 积分.

注：(1) 当 $\lambda\to 0$ 时，意味着 $n\to\infty$，且最大子区间长度趋于 0.

(2) 当取 $F(x) = x$ 时，R-S 积分化为原来的黎曼积分，所以 R-S 积分是黎曼积分的推广.

(3) 当 $a\to -\infty$，$b\to +\infty$ 时，若极限

$$J(-\infty, +\infty) = \lim_{\substack{a\to -\infty\\ b\to +\infty}}\int_a^b g(x)\mathrm{d}F(x)$$

存在，则称

$$J(-\infty, +\infty) = \int_{-\infty}^{+\infty} g(x)\mathrm{d}F(x)$$ 为 $g(x)$ 关于 $F(x)$ 在 $(-\infty, +\infty)$ 上的

R-S 积分.

R-S 积分的基本性质：

性质 1 当 $a < c_1 < \cdots < c_n < b$ 时，$\int_a^b g(x)\mathrm{d}F(x) = \sum_{i=0}^{n}\int_{c_i}^{c_{i+1}} g(x)\mathrm{d}F(x)$；

性质 2 $\int_a^b \sum_{i=1}^{n} g_i(x)\mathrm{d}F(x) = \sum_{i=0}^{n}\int_a^b g_i(x)\mathrm{d}F(x)$；

性质 3 若 $g(x)\geqslant 0$，且 $a < b$，则 $\int_a^b g(x)\mathrm{d}F(x)\geqslant 0$.

性质 4 若 $F_1(x)$，$F_2(x)$ 为两个分布函数，c_1，c_2 为常数，$c_1 > 0$，$c_2 > 0$，则

$$\int_a^b g(x)\mathrm{d}[c_1F_1(x) + c_2F_2(x)] = c_1\int_a^b g(x)\mathrm{d}F_1(x) + c_2\int_a^b g(x)\mathrm{d}F_2(x).$$

1.2.3 数字特征

1. 随机变量的数学期望

定义3 设 X 为随机变量, $F(x)$ 为 X 的分布函数, 若 $\int_{-\infty}^{+\infty}|x|\mathrm{d}F(x)$ 存在, 则称

$$EX = \int_{-\infty}^{+\infty}x\mathrm{d}F(x)$$

为随机变量 X 的数学期望(或简称为 X 的均值).

数学期望有如下性质:

性质1 若 $c_i(i = 1, 2, \cdots, n)$ 为常数, $X_i(i = 1, 2, \cdots, n)$ 为随机变量, 则

$$E\left(\sum_{i=1}^{n}c_iX_i\right) = \sum_{i=1}^{n}c_iEX_i$$

性质2 设 $g(x)$ 为 x 的函数, $F_X(x)$ 为 X 的分布函数, 若 $E[g(X)]$ 存在, 则

$$E[g(X)] = \int_{-\infty}^{+\infty}g(x)\mathrm{d}F_X(x)$$

当 X 为离散型随机变量时, 即 $P(X = x_n) = p_n(n \in \mathbf{N})$ 时, 则 $EX = \sum_{n=1}^{\infty}x_np_n$, 即 EX 是 X 所有可能取值的加权平均值.

当 X 为连续型随机变量时, 且有概率密度函数 $f(x)$ 时, 则 $EX = \int_{-\infty}^{+\infty}xf(x)\mathrm{d}x$.

2. 方差

定义4 令 $DX \triangleq E(X - EX)^2 = EX^2 - (EX)^2$, 称 DX 为随机变量 X 的方差, 有时也记为: $DX = \mathrm{Var}X = \sigma_X^2$ (方差描述了随机变量取值的集中或分散程度).

3. 协方差

定义 5　两个随机变量 (X, Y)，令

$$\mathrm{Cov}(X, Y) = E[(X - EX)(Y - EY)] = E(XY) - (EX)(EY)$$

则称 $\mathrm{Cov}(X, Y)$ 为协方差.

注：若 X, Y 独立，则 $E(XY) = EXEY$，从而得 $\mathrm{Cov}(X, Y) = 0$，于是，若 $\mathrm{Cov}(X, Y) \neq 0$，则 X, Y 不独立. 因此 $\mathrm{Cov}(X, Y) \neq 0$ 刻画了 X, Y 取值存在某种统计上的线性相关关系.

4. 相关系数

定义 6　若 $0 < DX = \sigma_X^2 < \infty$, $0 < DY = \sigma_Y^2 < \infty$，称

$$\rho(X, Y) = \frac{\mathrm{Cov}(X, Y)}{\sigma_X \sigma_Y}$$

为 (X, Y) 的相关系数.

$\rho(X, Y) = \dfrac{\mathrm{Cov}(X, Y)}{\sigma_X \sigma_Y}$ 刻画了 X, Y 之间线性关系的密切程度，若 $\rho = 0$，称 X, Y 不相关.

相关系数具有如下性质：

① $D\left(\sum_{i=1}^{n} a_i X_i\right) = \sum_{i=1}^{n} a_i^2 DX_i + 2\sum_{i<j}^{n} a_i a_j \mathrm{Cov}(X_i, X_j)$；

②若 $X_1, X_2, \cdots, X_n$ 相互独立，则 $\mathrm{Cov}(X_i, X_j) = 0$；$j \neq i$，即 X_i, X_j 不相关；

③若 $X_1, X_2, \cdots, X_n$ 两两不相关，则 $D\left(\sum_{i=1}^{n} X_i\right) = \sum_{i=1}^{n} DX_i$；

④施瓦茨不等式，若随机变量 X, Y 的二阶矩存在，则 $|E(XY)|^2 \leqslant E(X^2)(Y^2)$.

特别是

$$|\mathrm{Cov}(X, Y)|^2 \leqslant \sigma_X^2 \sigma_Y^2, \rho(X, Y)| \leqslant 1$$

⑤ $\rho = \pm 1$，当且仅当 $P\left(\dfrac{Y - EY}{\sqrt{DY}} = \pm \dfrac{X - EX}{\sqrt{DX}}\right) = 1$，即 $\rho = \pm 1$，(X, Y) 以

概率 1 取值在直线 $Y - EY = \pm \dfrac{\sqrt{DY}(X - EX)}{\sqrt{DX}}$ 上.

5. 矩

定义 7 记

$$E(X^k) = \int_{-\infty}^{+\infty} x^k \mathrm{d}F_X(x), \quad k \geqslant 1$$

称 $E(X^k)$ 为随机变量 X 的 $k(k \in \mathbf{N})$ 阶矩.

1.2.4 常用随机变量的分布

1. 离散型随机变量

(1)二项分布：

设 $0 \leqslant p < 1$，$n \geqslant 1$，若 X 的分布列为

$$P(X = k) = C_n^k p^k (1 - p)^{n-k}, \ 0 \leqslant k \leqslant n$$

称 X 是参数为 (n, p) 的二项分布，简记为 $X \sim B(n, p)$.

(2)泊松分布：

设 $\lambda > 0$，若 X 的分布列为

$$P(X = k) = \frac{\lambda^k}{k!} \mathrm{e}^{-\lambda}, \ k = 1, 2, \cdots$$

称 X 是参数为 λ 的泊松分布，简记为 $X \sim P(\lambda)$.

(3)几何分布：

设 $0 < p < 1$，若 X 的分布列为

$$P(X = k) = p(1 - p)^{k-1}, \ k = 1, 2, \cdots$$

称 X 是参数为 p 的几何分布，简记为 $X \sim G(p)$.

2. 连续型随机变量

(1)均匀分布：

设 $a < b$, 若 X 的概率密度函数为

$$f(x) = \begin{cases} \dfrac{1}{b-a}, & a < x < b \\ 0, & \text{其他} \end{cases}$$

称 X 是 (a, b) 上的均匀分布, 简记为 $X \sim U(a, b)$.

（2）正态分布:

设 $\mu \in \mathbf{R}$, $\sigma > 0$, 若 X 的概率密度函数为

$$f(x) = \frac{1}{\sqrt{2\pi}\,\sigma} \exp\left[-\frac{(x-\mu)^2}{2\sigma^2} \right]$$

称 X 是服从参数 (μ, σ^2) 的正态分布, 简记为 $X \sim N(\mu, \sigma^2)$.

（3）指数分布:

设 $\lambda > 0$, 若 X 的概率密度函数为

$$f(x) = \begin{cases} \lambda e^{-\lambda x}, & x \geqslant 0 \\ 0, & x < 0 \end{cases}$$

称 X 是服从参数 λ 的指数分布, 简记为 $X \sim E(\lambda)$.

1.2.5　连续型随机变量的事件示性函数的线性组合表示

（1）设 $X(\omega)$ 为非负随机变量, $P(X < \infty) = 1$, 令

$$X_n(\omega) = \sum_{k=0}^{2^n-1} \frac{k}{2^n} I_{\left\{ \frac{k}{2^n} \leqslant X < \frac{k+1}{2^n} \right\}}(\omega) + n I_{\{X \geqslant n\}}(\omega)$$

则 $X_n(\omega)$ 是随机变量, 且满足:

$\forall \omega \in \Omega$, $n \in \mathbf{N}$, $X_n(\omega) \leqslant X_{n+1}(\omega)$, 则 $X_n(\omega)$ 单调增加, 记作 $X_n(\omega) \uparrow$, 且当 $0 \leqslant X_n(\omega) < n$ 时, $|X_n(\omega) - X(\omega)| < \dfrac{1}{2^n}$;

当 $X(\omega) = n$ 时, $X_n(\omega) = n$, 故 $\forall \omega \in \Omega$, $\lim\limits_{n\to\infty} X_n(\omega) = X(\omega)$.

（2）设 $X(\omega)$ 为一般的随机变量, 令

$$X^+ = X \vee 0 = \max(X, 0)$$

$$X^- = -(X \wedge 0) = -\min(X, 0)$$

显然 X^+, $X^- \geqslant 0$, 由上面的结论, 对 X^+, X^- 存在以下结论:

$$X_n^+ \uparrow X^+ \quad X_n^- \uparrow X^-$$

令 $X_n = X_n^+ + X_n^-$，则 $X_n \uparrow X$

§1.3 矩母函数、特征函数和拉普拉斯变换

1.3.1 矩母函数

定义 1 随机变量 X 的矩母函数定义为：

$$\varphi(t) = E(e^{tX}) = \int_{-\infty}^{+\infty} e^{tx} dF_X(x)$$

需要上式右边的积分存在.

显然，如果 X 的 k 阶矩存在，则

$$E(X^k) = \varphi^{(k)}(0)$$

矩母(生成)函数由此得名，可以证明矩母函数与分布函数是一一对应的.

对于取值非负整数的随机变量 X，即 $P(X=k) = p_k \geqslant 0 (k \geqslant 0)$，$\sum_{k=0}^{\infty} p_k = 1$，则 X 的矩母函数记为

$$g(s) = E(s^X) = \sum_{k=0}^{\infty} p_k s^k, \quad 0 \leqslant s \leqslant 1$$

显然，$p_k = \dfrac{g^{(k)}(0)}{k!}$，且有 $E[X(X-1)(X-2)\cdots(X-k-1)] = g^{(k)}(1)$，若 X_1，X_2 相互独立，其矩母函数分别记为 $g_1(s)$，$g_2(s)$，则不难证明 $X_1 + X_2$ 的矩母函数为

$$g_{X_1+X_2}(s) = g_1(s)g_2(s)$$

对于数列 $\{a_n, n \geqslant 0\}$，如

$$A(s) = \sum_{n=0}^{\infty} a_n s^n, \quad |s| \leqslant 1$$

则称 $A(s)$ 为 $\{a_n, n \geqslant 0\}$ 的母函数.

母函数的几个重要性质如下：

(1) $E(x) = g'(1)$；

11

(2) $D(x) = g''(1) + g'(x) - [g'(1)]^2$;

(3) $g'(1) = \sum_{k=1}^{\infty} k p_k$.

1.3.2 特征函数

定义 2 令

$$\phi(t) = E\{\exp(itX)\} = \int_{-\infty}^{+\infty} \exp(itx) dF_X(x)$$

其中, $i = \sqrt{-1}$, $-\infty < t < +\infty$, 称 $\phi(x)$ 是随机变量 X 的特征函数.

随机变量 X 的特征函数 $\phi(x)$ 具有如下性质:

(1) $\phi(0) = 1$, $|\phi(t)| \leq \phi(0)$, $\phi(-t) = \overline{\phi(t)}$, 且 $\phi(x)$ 在 $(-\infty, +\infty)$ 上一致连续.

(2) $\phi(x)$ 具有非负定性, 即对任给 n 个实数 t_i 及复数 $\lambda_i (1 \leq i \leq n)$, 有

$$\sum_{j=1}^{n} \sum_{i=1}^{n} \phi(t_i - t_j) \lambda_i \overline{\lambda_j} \geq 0,$$

(3) 若 X 与 Y 相互独立, 则

$$\phi_{X+Y}(t) = \phi_X(t) \phi_Y(t)$$

(4) 对于随机变量 X, 若 EX^n 存在, 则当 $k \leq n$ 时,

$$\phi^{(k)}(0) = i^k E(X^k)$$

(5) 随机变量的分布函数与特征函数有一一对应的关系, 即给定 $F(x)$ 可唯一决定 $\phi(x)$; 反之, 给定 $\phi(x)$ 可唯一决定 $F(x)$ (唯一性定理).

上述性质的证明详见本书参考文献[26].

1.3.3 拉普拉斯-斯蒂尔切斯变换

定义 3 设非负随机变量 X, 分布函数 $F_X(x)$, $s = a + bi$, 这里 $a > 0$, b 是实数, 称

$$\hat{F}_X(s) = \int_0^{+\infty} \exp(-sx) dF_X(x)$$

为 $F_X(x)$ 的拉普拉斯-斯蒂尔切斯变换, 简记为 L-S 变换, 或称随机变量 X 的

L-S 变换.

注: $\hat{F}_X(s)$ 与 $F_X(x)$ 也有一一对应关系, 且对 X_1, $X_2 > 0$ 相互独立, 有

$$\hat{F}_{X_1+X_2}(s) = \hat{F}_{X_1}(s)\hat{F}_{X_2}(s)$$

§1.4 条件数学期望

条件数学期望在随机过程中应用很广, 所以它的概念很重要. 为了直观地对此概念有正确的理解, 这里先从离散型随机变量入手, 然后再讨论连续型随机变量的情形, 最后推广到多元随机变量的情况, 以满足后面讨论的需求.

1.4.1 离散型随机变量的情形

设两随机事件 A, B, 若 $P(B) > 0$, 称 $P(A\mid B) = P(AB)/P(B)$ 为事件 B 发生时, 事件 A 的条件概率(此时, 若 $P(B) = 0$, 则 $P(A\mid B)$ 没有定义或规定为 0). 设 (X, Y) 为两个离散型随机变量, 其联合分布列为 $P(X = x_i, Y = y_i) = p_{ij} \geqslant 0$, $\sum_i \sum_j p_{ij} = 1$, 若 $P(Y = y_j) = \sum_i p_{ij} \triangleq p_{\cdot j} > 0$, 称

$$P(X = x_i \mid Y = y_j) = \frac{P(X = x_i, Y = y_j)}{P(Y = y_j)} = \frac{p_{ij}}{p_{\cdot j}}$$

为给定 $Y = y_j$ 时, X 的条件分布列, 称

$$E(X \mid Y = y_j) = \sum_i x_i P(X = x_i \mid Y = y_j)$$

为给定 $Y = y_j$ 时, X 的条件数学期望.

为了更好地定义条件数学期望, 引进事件的示性函数, 记

$$I_{B_j}(\omega) = \begin{cases} 1, & \omega \in B_j = \{\omega : Y(\omega) = y_j\} \\ 0, & \omega \notin B_j = \{\omega : Y(\omega) = y_j\} \end{cases}$$

显然 $I_{B_j}(\omega) = 1 \Leftrightarrow Y(\omega) = y_j$ 发生. 也就是 $I_{B_j}(\omega) = I_{(Y=y_j)}(\omega)$. 以下给出条件数学期望的定义.

定义 1 令

$$E(X \mid Y) = \sum_j I_{(Y=y_j)}(\omega) E(X \mid Y = y_j) \qquad (1.4.1)$$

称 $E(X \mid Y)$ 是 X 关于 Y 的条件数学期望.

注：(1)随机变量 $E(X \mid Y)$ 是随机变量 Y 的函数，当 $\omega \in \{\omega: Y = y_j\}$ 时，$E(X \mid Y)$ 的取值为 $E(X \mid Y = y_j)$. 事实上，它是局部平均 $\{E(X \mid Y = y_j), j \in \mathbf{N}\}$ 的统一表达式.

(2)当 $E(X \mid Y = y_j) \neq E(X \mid Y = y_k)$, $j \neq k$ 时，$P[E(X \mid Y)] = P[E(X \mid Y = y_k)] = P(Y = y_j)$；否则，令 $D_j = \{k: E(X \mid Y = y_k) = E(X \mid Y) = y_j\}$，则有

$$P\{E(X \mid Y)] = E(X \mid Y = y_k)\} = \sum_{k \in D_j} P(Y = y_k)$$

(3)由于随机变量 $E(X \mid Y)$ 是随机变量 Y 的函数，故它的数学期望应是

$$E(E(X \mid Y)) = \sum_j E(X \mid Y = y_j) P(Y = y_j)$$

1.4.2 连续型随机变量(X, Y)的情形

设 (X, Y) 的联合概率密度函数为 $f(x, y)$，Y 的概率密度函数为

$f_Y(y) = \int_{-\infty}^{+\infty} f(x, y) \mathrm{d}x$，设 $f_Y(y) > 0$，$E(X) < \infty$，给定 $Y = y$，X 的条件概率密度函数为

$$f_{X \mid Y = y}(x \mid y) = \frac{f(x, y)}{f_Y(y)}$$

条件分布函数为

$$F_{X \mid Y = y}(x \mid y) = P(X \leqslant x \mid Y = y) = \int_{-\infty}^{x} \frac{f(u, y)}{f_Y(y)} \mathrm{d}u$$

条件数学期望为

$$R(X \mid Y = y) = \int_{-\infty}^{+\infty} x f_{X \mid Y = y}(x \mid y) \mathrm{d}x = \int_{-\infty}^{+\infty} x \frac{f(x, y)}{f_Y(y)} \mathrm{d}x \qquad (1.4.2)$$

令 $D \in B$，在 $Y \in D$ 的条件下，若 $P(Y \in D) > 0$，X 的条件分布函数为

$$F(x \mid D) = P\{X \leqslant x \mid Y \in D\} = \frac{P(X \leqslant x, Y \in D)}{P(Y \in D)} = \frac{\int_{-\infty}^{x} \int_{y \in D} f(x, y) \mathrm{d}y \mathrm{d}x}{\int_{y \in D} f_Y(y) \mathrm{d}y}$$

在 $Y \in D$ 的条件下, X 的条件概率密度函数为

$$f_{X|D}(x \mid D) = \frac{\int_{y \in D} f(x, y) \mathrm{d}y}{P(Y \in D)} \tag{1.4.3}$$

于是, 在 $Y \in D$ 的条件下, X 的条件数学期望可定义为

$$E(X \mid Y \in D) = \int_{-\infty}^{+\infty} x f_{X|D}(x \mid D) \mathrm{d}x = \frac{\int_{y \in D} \int_{-\infty}^{+\infty} x f(x, y) \mathrm{d}x \mathrm{d}y}{p(Y \in D)}$$

由上式定义, 有

$$E(X \mid Y \in D) = \int_{-\infty}^{+\infty} x f_{X|D}(x \mid D) \mathrm{d}x = \frac{\int_{y \in D} \int_{-\infty}^{+\infty} x f(x, y) \mathrm{d}x \mathrm{d}y}{p(Y \in D)}$$

$$= \frac{1}{p(Y \in D)} \int_{y \in D} E(X \mid Y = y) f_Y(y) \mathrm{d}y$$

显然, 条件数学期望 $E(X \mid Y = y)$ 是 y 的函数. 这样, 从整个样本空间 Ω 及从 $\omega \in \Omega$ 可以变化的情况来看, 可以且有必要定义一个随机变量 $E(X \mid Y)$, 使其在 $Y = y$ 时, $E(X \mid Y)$ 的取值为 $E(X \mid Y = y)$.

定义 2 设 (X, Y) 的联合概率密度函数为 $f(x, y)$, Y 的概率密度函数为 $f_Y(y) > 0$, $E(X) < \infty$, 若随机变量 $E(X \mid Y)$ 满足:

(1) $E(X \mid Y)$ 是随机变量 Y 的函数, 当 $Y = y$ 时, 它的取值为 $E(X \mid Y = y)$;

(2) 对任意 $D \in B$, 有

$$E[E(X \mid Y) \mid Y \in D] = E(X \mid Y \in D) \tag{1.4.4}$$

称随机变量 $E(X \mid Y)$ 为 X 关于 Y 的条件数学期望.

由 (1), 由于 $E(X \mid Y)$ 是随机变量 Y 的函数, 故它的数学期望应为:

$$E[E(X \mid Y)] = \int_{-\infty}^{+\infty} E(X \mid Y = y) f_Y(y) \mathrm{d}y$$

而由 (2), 当取 $D = R = (-\infty, +\infty)$ 时

$$EX = E\{X \mid Y \in (-\infty, +\infty)\} = E\{E(X \mid Y) \mid Y \in (-\infty, +\infty)\} = E[E(X \mid Y)]$$

$$= \int_{-\infty}^{+\infty} E(X \mid Y = y) f_Y(y) \mathrm{d}y$$

1.4.3　一般随机变量的情形

设 (X, Y) 为一般随机变量，其联合分布函数为 $P(X \leq x, Y \leq y)$. 以下假设 $E|X| < \infty$，分两种情况讨论.

定义 3　设 $D \in B$，$P(Y \in D) > 0$. $\forall x \in \mathbf{R}$，称 $P(X \leq x, Y \in D) = \dfrac{P(X \leq x, Y \in D)}{P(Y \in D)}$ 为 X 关于事件 $\{Y \in D\}$ 的条件分布函数；若 X 与 Y 独立，则对 $\forall x \in \mathbf{R}$，$D \in B$，$P(X \leq x \mid Y \in D) = P(X \leq x)$，称 $E(X \mid Y \in D) = \int_R x \mathrm{d}P(X \leq x \mid Y \in D)$ 为 X 关于 $\{Y \in D\}$ 的条件数学期望.

在许多问题中常常需要考虑 D 为单集 $\{y\}$ 的情形. 若 $P(Y \in D) > 0$，这时定义条件分布同上. 问题是当 $P(Y = y) = 0$ 时，如何定义 $P(X \leq x, Y = y)$？

定义 4　设 $(x, y) \in \mathbf{R}^2$，对充分小的 $h > 0$，有 $P(y < Y \leq y + h) > 0$. 若 $P(X \leq x \mid Y = y) = \lim\limits_{h \to 0} P(X \leq x \mid y < Y < y + h)$ 存在，则称 $P(X \leq x \mid Y = y)$ 为 X 关于 $\{Y \in D\}$ 的条件分布函数，称 $E(X \mid Y = y) = \int_{\mathbf{R}} x \mathrm{d}P(X \leq x \mid Y = y)$ 为 X 关于 $\{Y \in D\}$ 的条件数学期望.

若随机变量 $E(X \mid Y)$ 满足：

(1)随机变量 $E(X \mid Y)$ 是随机变量 Y 的函数，当 $Y = y$ 时，它的取值为 $E(X \mid Y = y)$；

(2)对任意 $D \in B$，有 $E[E(X \mid Y) \mid Y \in D] = E(X \mid Y \in D)$，称随机变量 $E(X \mid Y)$ 为 X 关于 Y 的条件数学期望.

由(1)，由于 $E(X \mid Y)$ 是随机变量 Y 的函数，故它的数学期望应为：

$$E[E(X \mid Y)] = \int_{\mathbf{R}} E(X \mid Y = y) \mathrm{d}P(Y \leq y)$$

但是由(2)，当取 $D = R = (-\infty, +\infty)$ 时，

$EX = E\{X \mid Y \in (-\infty, +\infty)\} = E\{E(X \mid Y) \mid Y \in (-\infty, +\infty)\} = E[E(X \mid Y)]$

故有 $EX = E[E(X \mid Y)]$，即

$$EX = \int_{\mathbf{R}} E(X \mid Y = y) \mathrm{d}P(Y \leq y) \qquad (1.4.5)$$

上式也可以看作数学期望形式的全概率公式.

1.4.4 条件概率与条件分布函数

设随机变量 (X, Y) 及任一随机事件 $B \in F$，记 $I_B(\omega) = \begin{cases} 1, & \omega \in B \\ 0, & \omega \notin B \end{cases}$，即 I_B 是 B 的示性函数，显然有 $P(B) = E(I_B(\omega))$.

定义 5 令 $E(I_B(\omega) \mid Y) = P(B \mid Y)$，称之为事件 B 关于随机变量 Y 的条件概率.

此时 $P(B \mid Y)$ 是随机变量 Y 的函数，对于 $\forall x \in \mathbf{R}$，取 $B = (\omega \mid X \leqslant x)$，称

$$F(x \mid Y) = P(X \leqslant x \mid Y) = E(I_{(X \leqslant x)} \mid Y) \quad (1.4.6)$$

为 X 关于 Y 的条件分布函数.

因此，有关条件概率、条件分布函数都可以用条件数学期望的概念及性质来处理.

1.4.5 条件数学期望的基本性质

两个随机变量 Z_1，Z_2，如果 $P(Z_1 = Z_2) = 1$，称 Z_1，Z_2 几乎处处相等，记作 $Z_1 = Z_2$ a. s.

设 X，Y，$X_i (1 \leqslant i \leqslant n)$ 为随机变量，$g(x)$，$h(x)$ 为一般函数，且 $E \mid X \mid$，$E \mid X_i \mid < \infty$ $(1 \leqslant i \leqslant n)$，$E \mid g(X)h(Y) \mid < \infty$，$E \mid g(X) \mid < \infty$，则条件数学期望有如下性质：

(1) $E(E(X \mid Y)) = EX$ (1.4.7)

(2) $E(\sum_{i=1}^{n} \alpha_i X_i \mid Y) = \sum_{i=1}^{n} \alpha_i E(X_i \mid Y)$ a. s.   (1.4.8)

其中 $\alpha_i (1 \leqslant i \leqslant n)$ 为常数.

(3) $E[(g(X)h(Y) \mid Y)] = h(X)E(g(X) \mid Y)$ a. s.   (1.4.9)

特别地，有：

$$E(X \mid X) = X \qquad \text{a. s.}$$

$$E[(g(X)h(Y))] = E[h(Y)E(g(X) \mid Y)] \qquad (1.4.10)$$

(4)如果 X, Y 相互独立，则

$$E(X \mid Y) = EX$$

以上性质的证明，请参考本书参考文献[26].

1.4.6 多元随机变量的条件数学期望的一些定义

1. 离散型随机变量

设三个随机变量 (X, Y, Z)，其中 (Y, Z) 为离散随机变量，称随机变量 $E(X \mid Y, Z)$ 是 X 关于 Y, Z 的条件数学期望，若它满足两个条件：① $E(X \mid Y, Z)$ 是 (Y, Z) 的二元函数，当 $Y = y_j$, $Z = z_k$ 时，$E(X \mid Y, Z)$ 的取值为 $E(X \mid Y = y_j, Z = z_k)$；②对任意 $D_j \in R^1$, $D_k \in R^1$, 有 $E(E(X \mid Y, Z) \mid Y \in D_j, Z \in D_k] = E(X \mid Y \in D_j, Z \in D_k)$，用示性函数表示，即 $E(X \mid Y, Z) = \sum_j \sum_k I_{(Y=y_j, Z=z_k)}(\omega) E(X \mid Y = y_j, Z = z_k)$，其中当 $E \mid X \mid < \infty$ 时，有 $E(E(X \mid Y, Z) \mid Y] = E(X \mid Y) = E[E(X \mid Y) \mid Y, Z]$.

2. 连续型随机变量

设 (X, Y, Z) 为连续型随机变量，联合概率密度函数为 $f(x, y, z)$；其中 (Y, Z) 的联合密度函数为 $f_{Y, Z}(y, z)$，X 关于 $Y = y$, $Z = z$ 的条件概率密度函数为 $f_{X \mid (Y, Z) = (x, y)}(x \mid y, z) = \dfrac{f(x, y, z)}{f_{Y, Z}(y, z)}$，设 $E \mid X \mid < \infty$, $f_{Y, Z}(y, z) > 0$，若当随机变量 $E(X \mid Y, Z)$ 满足两个条件：① $E(X \mid Y, Z)$ 是 Y, Z 的二元函数，当 $Y = y$, $Z = z$ 时，$E(X \mid Y, Z)$ 的取值为 $E(X \mid Y = y, Z = z)$；②对任意 $D_1 \in R^1$, $D_2 \in R^1$, 有 $E(E(X \mid Y, Z) \mid Y \in D_1, Z \in D_2] = E(X \mid Y \in D_1, Z \in D_2)$，称 $E(X \mid Y, Z)$ 是 X 关于 Y, Z 的条件数学期望.

3. n 元随机变量情形

对离散型随机变量 $\{X, Y_k: 1 \leqslant k \leqslant n\}$ 的情况，称 $E(X \mid Y_1, \cdots, Y_n) = \sum_{j_1} \cdots \sum_{j_n} I_{(Y_k=y_k, 1 \leqslant k \leqslant n)}(\omega) E(X \mid Y_1 = y_1, \cdots, Y_n = y_n)$ 为 X 关于 $(Y_1, \cdots, Y_n)$

的条件数学期望.

1.4.7 条件概率乘法公式与条件独立性

1. 条件概率的乘法公式

设 A, B 是两个随机事件,由条件概率的定义可知 $P(AB) = P(A)P(B \mid A)$. 与前面的概率乘法公式类似,有条件概率的乘法公式如下:

命题 1 设 A, B, C 为 3 个随机事件,则
$$P(BC \mid A) = P(B \mid A)P(C \mid AB)$$

2. 条件独立性

当两个随机事件 A, B 独立时,有 $P(AB) = P(A)P(B)$, 即 $P(AB) = P(A)$,同样,与上面的独立性概念类似,条件独立性的定义如下:

定义 6 设 A, B, C 为 3 个随机事件,若满足 $P(C \mid AB) = P(C \mid B)$,则称事件 A, C 关于事件 B 条件独立.

命题 2 设 A, B, C 为 3 个随机事件,则称事件 A, C 关于事件 B 条件独立的充要条件为
$$P(AC \mid B) = P(A \mid B)P(C \mid B)$$

证明请参考本书参考文献[26].

§1.5 随机过程概述

概率论的一般研究对象主要是一个或几个随机变量(随机向量). 但是在自然现象、社会现象乃至实际工作中,我们还会遇到无穷多个随机变量在一起需要当做一个整体来对待的情形,这就需要引入随机过程.

1.5.1 随机过程的概念

定义 1 设对每一个参数 $t \in T$, $X_T = X(t, \omega)$ 是一随机变量,称随机变量族 $X_T = \{X(t, \omega), t \in T\}$ 为一随机过程(stochastic process)或称随机函数.

其中 $T \subset \mathbf{R}$ 是一实数集，称为指标集.

用映射来表示 X_T

$$X(\iota,\ \omega):\ T \times \Omega \to \mathbf{R}$$

即 $X(\cdot,\ \cdot)$ 是定义在 $T \times \Omega$ 上的二元单值函数，固定 $t \in T$，$X(t,\ \cdot)$ 是定义在样本空间 Ω 上的函数，即为一个随机变量. 对于 $\omega \in \Omega$，$X(\cdot,\ \omega)$（在 T 中顺序变化）是参数 $t \in T$ 的一般函数，通常称 $X(\cdot,\ \omega)$ 为样本函数，或称随机过程的一个实现，或说是一条轨道，记号 $Z(t,\ w)$ 有时也写为 $Z_t(w)$ 或简记为 $Z(t)$ 或 Z_t.

参数 $t \in T$ 一般表示时间或空间. 参数集 T 通常有 3 种：

(1) $T_1 = N = \{1,\ 2,\ \cdots\}$；

(2) $T_2 = Z = \{\cdots,\ -2,\ -1,\ 0,\ 1,\ 2,\ \cdots\}$；

(3) $T_3 = [a,\ b]$，其中 a 可以取 $-\infty$ 或 0，b 可以取 $+\infty$. 当 T 取列集（T_1 或 T_2）时，通常称 Z_T 为随机序列.

Z_T 的取值可以是复数、R^n 或更一般的抽象空间. $Z_t(t \in T)$ 可能取值的全体构成的集合称为状态空间，记作 S，S 中的元素为状态.

例：

(1) 用 Z_t 表示某电话从时刻 0 开始到时刻 t 为止所接到的呼唤次数，则 $Z_T = \{Z_t,\ t \in [0,\ +\infty)\}$ 就是一随机过程.

(2) 质点在直线上随机游动. 设一质点在时刻 $t = 0$ 时处于位置 a（整数），以后每隔单位时间，分别以概率 p 及 $q = 1 - p$ 向正的方向或负的方向随机移动一个单位，记 Z_n 为质点在时刻 $t = n$ 的位置，固定 n，Z_n 是随机变量. 考虑不同的 n 时，$\{Z_n,\ n \geq 0\}$ 是一随机序列.

(3) 在外界是随机载荷条件下，某零点 t 时的应力 $Z(t)$ 是随机的，故 $\{Z(t),\ t \in T\}$ 是一随机过程，$Z(t)$ 也可表示某电路中的电压、设备的温度、河流的流量（或水位），以及大气的压力，等等.

(4) 1826 年，布朗（Brown）发现水中花粉（或其他液体中的微粒）在不停地运动，这种现象后来称为布朗运动. 由于花粉受到水中分子的碰撞，每秒钟所受到的碰撞次数多达 10^{21} 次，这些随机的微小的碰撞力的总和使得花粉作随机运动, 以 Z_t 表示花粉在 t 所在位置的一个坐标(例如横坐标), 则 $\{Z_t, t \in [0, +\infty)\}$ 就是一个随机过程. Z_t 也可表示某一股票的价位.

(5)考虑某输入输出系统, 例如最简单的 R-C 电路, 设输入端有一个干扰信号电压, 记为 $\xi(t)$, 记 $Q(t)$ 为 t 时刻的电路电量, 则它满足 $R\dfrac{\mathrm{d}Q(t)}{\mathrm{d}t} + \dfrac{1}{C}Q(t) = \xi(t)$, 由于 $\{\xi(t), t \in T\}$ 是一随机过程, 很容易理解 $\{Q(t), t \in T\}$ 也是一随机过程.

1.5.2 随机过程的数字特征

设 $\{Z(t), t \in T\}$ 是一随机过程, 为了刻画它的概率特征, 通常会用到随机过程的一些数字特征.

1. 均值函数

随机过程 $\{X(t), t \in T\}$ 的均值函数定义为(以下均假定右端存在):
$$m(t) = E(X(t)) \tag{1.5.1}$$

2. 方差函数

随机过程 $\{Z(t), t \in T\}$ 的方差函数定义为:
$$D(t) = E\{(X(t) - m(t))^2\} \tag{1.5.2}$$

3. 协方差函数

随机过程 $\{X(t), t \in T\}$ 的协方差函数定义为:
$$R(s, t) = \mathrm{Cov}(X(s), X(t)) \tag{1.5.3}$$

4. 相关函数

随机过程 $\{X(t), t \in T\}$ 的相关函数定义为:
$$\rho(s, t) = \frac{\mathrm{Cov}(X(s), X(t))}{\sqrt{D(t)D(s)}} \tag{1.5.4}$$

5. 有限维分布族

设 $t_i \in T$, $1 \leqslant i \leqslant n$ (n 为任意正整数)，记

$$F(t_1, t_2, \cdots, t_n; x_1, x_2, \cdots, x_n)$$
$$= P(X(t_1) \leqslant x_1, X(t_2) \leqslant x_2, \cdots, X(t_n) \leqslant x_n)$$

其全体

$$\{F(t_1, t_2, \cdots, t_n; x_1, x_2, \cdots, x_n), t_1, t_2, \cdots, t_n \in T, n \geqslant 1\}$$

称为随机过程的有限分布族，它有两个性质：

(1) 对称性：对 $(1, 2, \cdots, n)$ 的任一排列 $(j_1, j_2, \cdots, j_n)$ 有

$$F(t_{j_1}, t_{j2}, \cdots, t_{jn}; x_{j_1}, x_{j2}, \cdots, x_{jn}) = F(t_1, t_2, \cdots, t_n; x_1, x_2, \cdots, x_n).$$

(2) 相容性：对 $m < n$，有

$$F(t_1, t_2, \cdots, t_m, \cdots, t_n; x_1, x_2, \cdots, x_m, \infty, \cdots, \infty)$$
$$= F(t_1, t_2, \cdots, t_m; x_1, x_2, \cdots, x_m)$$

一个随机过程的概率特征完全由其有限维分布决定.

6. 特征函数

记 $\phi(t_1, t_2, \cdots, t_n; \theta_1, \cdots, \theta_n) = E\{\exp\{i[\theta_1 X(t_1) + \cdots + \theta_n X(t_n)]\}\} =$
$\int_{-\infty}^{+\infty} \cdots \int_{-\infty}^{+\infty} \exp\{i[\theta_1 x_1 + \cdots + \theta_n x_n]\} \times F(t_1, \cdots, t_n; \mathrm{d}x_1, \cdots, \mathrm{d}x_n)$，则称
$\{\phi(t_1, t_2, \cdots, t_n; \theta_1, \cdots, \theta_n), n \geqslant 1, t_1, \cdots, t_n \in T\}$ 为随机过程
$\{X(t), t \in T\}$ 的有限维特征函数.

1.5.3　随机过程的分类

设 $X_T = \{X_t, t \in T\}$ 为随机过程，按其概率特征，分类如下：

1. 独立增量过程

定义 2　对任何 $t_1 < t_2 < \cdots < t_n(t_i \in T, i = 1, 2, \cdots, n)$，随机变量 $X(t_1), X(t_2) - X(t_1), X(t_3) - X(t_2), \cdots, X(t_n) - X(t_{n-1})$ 相互独立，则称 $\{X_t, t \in T\}$ 为独立增量过程. 若对一切 $0 \leqslant s < t$ 增量 $X(t) - X(s)$ 的分布依

赖于 $t-s$，则称 X_T 有平稳增量，有平稳增量的独立增量过程简称为独立平稳增量过程.

若此时 $X_{t+\tau} - X_t(\tau > 0)$ 的分布只依赖于 τ，而不依赖于 t，则称 $\{X_t, t \in T\}$ 为时齐的独立增量过程.

例如：

(1)泊松过程：

若 $\{X_t, t \geqslant 0\}$ 是独立增量过程，而且 X_t 的取值是非负整数，增量 $X_t - X_s(0 \leqslant s < t)$ 服从泊松分布：

$$P\{X_t - X_s = k\} = \mathrm{e}^{-\lambda(t-s)} \frac{\left[\lambda(t-s)\right]^k}{k!} \quad (k = 1, 2, \cdots)$$

其中, λ 是与 t, s 无关的正常数，则称 $\{X_t, t \geqslant 0\}$ 是泊松过程. 这是一个独立增量过程.

(2)维纳过程(Wiener)：

$\{Z_t, t \geqslant 0\}$ 是独立增量过程，若对任何 $s < t$，都有 $X_t - X_s \sim N(0, (t-s)\sigma^2)$（这里 σ 为固定的正数，与 s, t 无关，则称 $\{Z_t, t \geqslant 0\}$ 为维纳过程.

2. 马尔可夫过程

设 $\{X_t, t \in T\}$ 是一个随机过程，状态空间是 E，我们把这个随机过程看成某系统的"状态"的演变过程，"$X_t = x$"表示该系统在时刻 t 所处的状态 x.

定义 3　随机过程 $\{X_t, t \in T\}$，如果对于 T 中任何 n 个数 $t_1 < t_2 < \cdots < t_n$，E 中任何 n 个状态 $x_1, x_2, \cdots, x_n$ 及任何实数 x 均成立：

$$P\{X_{t_n} \leqslant x \mid X_{t_1} = x_1, X_{t_2} = x_2, \cdots, X_{t_{n-1}} = x_{n-1}\} = P\{X_{t_n} \leqslant x \mid X_{t_{n-1}} = x_{n-1}\}$$

则称 $\{X_t, t \in T\}$ 为马尔可夫过程.

3. 平稳过程

定义 4　随机过程 $\{X_t, t \in T\}$，若对任何 $n \geqslant 1$, $t_1, t_2, \cdots, t_n, \tau \in T$ 及实数 $x_1, x_2, \cdots, x_n$ 均成立：

$$P\{X_{t_1+\tau} \leqslant x_1, X_{t_2+\tau} \leqslant x_2, \cdots, X_{t_n+\tau} \leqslant x_n\} = P\{X_{t_1} \leqslant x_1, X_{t_2} \leqslant x_2, \cdots, X_{t_n} \leqslant x_n\}$$

则称 $\{X_t, t \in T\}$ 是严平稳过程.

定义 5　随机过程 $\{X_t,\ t \in T\}$，若满足

（1）$E\mid X_t \mid^2 (t \in T)$ 存在且有限；

（2）$E(X_t) \equiv C(t \in T)$；

（3）$E[(X_t - C)(\overline{X_{t+\tau} - C})]$ 只依赖于 τ，与 t 无关，则称 $\{X_t,\ t \in T\}$ 为宽平稳过程，也称之为弱平稳过程，且严平稳过程一定是宽平稳过程.

4. 更新过程

定义 6　设 $\{x_k,\ k \geqslant 1\}$ 是独立同分布，取值非负的随机变量，分布函数为 $F(x)$，且 $F(0) < 1$，令 $S_0 = 0$，$S_n = \sum_{k=1}^{n} X_k$，对 $\forall t \geqslant 0$，记

$$N(t) = \sup\{n\ ;\ S_n \leqslant t\},$$

或者

$$N(t) = \sum_{n=1}^{\infty} I(S_n \leqslant t),$$

称 $\{N(t),\ t \geqslant 0\}$ 为更新过程.

5. 鞅

定义 7　若对 $\forall t \in T$，$E\mid X(t) \mid < \infty$，且对 $\forall t_1 < t_2 < t_3 < \cdots < t_n < t_{n+1}$，有

$$E(X(t_{n+1}) \mid X(t_1),\ X(t_2),\ X(t_3),\ X(t_n)) = X(t_n) \qquad \text{a. s.}$$

则称 $\{N(t),\ t \geqslant 0\}$ 为鞅. 近年来，鞅在现代科技中的应用越来越广泛.

6. 点过程

本部分内容在下一节中介绍.

§1.6　点过程

1.6.1　点过程发展背景

20 世纪 60 年代以前，点过程的研究着重于一维情形，即实轴上的点过

程，方法是比较初级的，内容多为考虑泊松过程的种种推广. 在此之后逐渐扩充到多维及更一般的空间，并与迅速发展的随机测度论及鞅论相结合，从而无论在内容或方法方面都有了根本性的进展.

一维点过程在点过程的研究中，在理论与应用上都具有重要作用，它的统计规律可以通过三种不同的方式来描述：包括点数性质、间距性质、平均发生率与发生强度. 本节着重介绍点数性质：设 $N(s, t)$ 表示落在区间 $[s, t)$ 上随机点的数目，$N(A)$ 表示落在集合 A 上随机点的数目，令 B 表示实轴上的波莱尔域（见概率分布），则 $(N(A), A \in B)$ 是定义在 B 上的随机测度，这时它只取非负整数值，称为随机计数测度. 若把开始观测的时刻记为 t_0，则 $\sum_{i=1}^{n} \delta_i$ 同分布，则称 δ 为无穷可分点过程. 利用随机测度理论，无穷可分解为点过程的表征问题，从而得到了比较彻底的解决.

随机测度的收敛与极限问题相对于测度序列的各种收敛性，可以定义随机测度（随机点过程）的弱收敛、强收敛、淡收敛、依分布收敛等（见概率论中的收敛），并可研究其相互关系，从而进一步研究在一定条件下随机测度序列收敛到某个特殊随机测度的问题. 这一类问题与无穷可分点过程理论密切相关. 一个有趣的结果是：相互独立的随机点过程的叠加，若满足所谓一致稀疏条件，则叠加过程收敛于泊松过程. 它与中心极限定理中独立随机变量的标准化部分和收敛于正态分布的结果相似. 类似于特征函数与母函数（见概率分布）在研究随机变量的分布及其极限理论中的作用，对于点过程，也可以定义概率母泛函与拉普拉斯泛函，作为研究其极限问题的重要工具.

20 世纪 60 年代后，由于自然科学的发展和其他实际问题的需要，产生了大量与点、线、面等几何元素的随机分布有关的概率问题，它们属于随机几何的范畴. 例如，研究细胞核中成对染色体的相对位置，需要求出在两个同心圆上均匀分布的两随机点距离的概率分布，由研究声波反射而提出的求平均路长问题等. 布丰的投针问题（见概率）可能是最早的这类问题之一，它求出了随机抛一枚针与一组等距离的平行线不相交的概率，从而可以用实验的方法求得圆周率 π 的近似值. 点过程还与随机几何相联系，经过进一步发展形成了线过程、面过程、超平面过程、随机分叉树等模型，它们又可以经过一定的变换，变为某一流形上的点过程. 例如平面上的一条直线，它以与原点的距离及与坐标轴的交角为参数，可以对应柱面上一点，因而平面上的随机线过程可以表示为柱面上的随机点过程.

1.6.2 点过程的定义

定义 1 若随机过程 $\{N(A), A \subset T\}$，若 $N(A)$ 表示在集合 A 中"事件"发生的总数，且满足下面两个条件：

(1)对 $\forall A \subset T$，$N(A)$ 是一取值非负整数的随机变量 ($N(\varnothing) = 0$)；

(2)对 $\forall A_1, A_2 \subset T$，若 $A_1 A_2 = \varnothing$，则对每一个样本有

$$N(A_1 \cup A_2) = N(A_1) + N(A_2)$$

则称若随机过程 $\{N(A), A \subset T\}$ 为点过程.

注：参数集 T 可以是 R^n，也可以是任意一抽象非空集；泊松过程是简单的点过程.

1.6.3 多发点过程

将一般点过程的"普通性"约束去掉后，就得到了一类点过程，叫做"多发"点过程(Multiple Occurrences Processes)，本书参考文献[3]中给出了多发点过程的定义，具体如下：

定义 2 如果一点过程在某一时刻的一点对应着一次或多次跳的发生，则定义这样的点过程为多发点过程，记为 $\{R(t)\}_{t \geqslant 0}$，此时刻发生的次数定义为对应这一时刻的点的重数.

关于多发点过程，在本书第 3 章将有详细介绍.

第2章 风险模型简介

§2.1 卷积和变换

2.1.1 卷积

在个体风险模型(后面给出)中，我们感兴趣的是多个保单总理赔 S 的分布:

$$S = X_1 + X_2 + \cdots + X_n \qquad (2.1.1)$$

其中，X_i 表示保单 i 的理赔额，假定风险 $X_i(i = 1, 2, \cdots, n)$ 是相互独立的，如果这种独立性对某些风险不成立，例如，在同一区域内不同地方的洪水保险保单，则这些风险应当合在一起作为式(2.1.1)中的一项.

卷积运算是通过两个独立随机变量 X 和 Y 的分布函数按下方公式来计算 $X + Y$ 的分布函数:

$$
\begin{aligned}
F_{X+Y}(s) &= P(X + Y \leqslant s) \\
&= \int_{-\infty}^{+\infty} P(X + Y \leqslant s \mid X = x) \, \mathrm{d}F_X(x) \\
&= \int_{-\infty}^{+\infty} P(Y \leqslant s - x \mid X = x) \, \mathrm{d}F_X(x) \\
&= \int_{-\infty}^{+\infty} P(Y \leqslant s - x) \, \mathrm{d}F_X(x) \\
&= \int_{-\infty}^{+\infty} F_Y(s - x) \, \mathrm{d}F_X(x) =: F_X * F_Y(s) \qquad (2.1.2)
\end{aligned}
$$

分布函数 $F_X * F_Y(\cdot)$ 称为 $F_X(\cdot)$ 和 $F_Y(\cdot)$ 的卷积. 对于分布函数和概率密度，

我们有同样的记号. 如果 X 和 Y 是离散的, 则有

$$F_X * F_Y(s) = \sum_x F_Y(s-x)f_X(x) \qquad (2.1.3)$$

和

$$f_X * f_Y(s) = \sum_x f_Y(s-x)f_X(x) \qquad (2.1.4)$$

其中求和是取遍所有使得 $f_X(s) > 0$ 的 x.

如果 X 和 Y 是连续型的, 则

$$F_X * F_Y(s) = \int_{-\infty}^{+\infty} F_Y(s-x)f_X(x)\,dx \qquad (2.1.5)$$

对积分号下求导得

$$f_X * f_Y(s) = \int_{-\infty}^{+\infty} f_Y(s-x)f_X(x)\,dx \qquad (2.1.6)$$

注意, 卷积运算并不局限于两个分布函数中, 为求 $X+Y+Z$ 的分布函数, 在作卷积运算时与所采用的卷积次序是无关的, 因此有

$$(F_X * F_Y) * F_Z = F_X * (F_Y * F_Z) = F_X * F_Y * F_Z \qquad (2.1.7)$$

n 个独立同分布的随机变量之和的分布函数是共同边际分布 F 的 n 重卷积, 记为

$$F * F * \cdots * F =: F^{*n} \qquad (2.1.8)$$

2.1.2 几种分布的卷积

1. 两个均匀分布的卷积

设 $X \sim U(a, b)$ 和 $Y \sim U(a, c)$ 相互独立, 则 $Y+X$ 的分布函数是:

$$F_{Y+X}(s) = \int_{-\infty}^{+\infty} F_X(s-y)\,dF_X(y) = \int_a^c F_X(s-y)\frac{1}{c-a}dy,\ s \geqslant 0 \qquad (2.1.9)$$

2. iid 均匀分布的卷积

设 X_i, $i = 1, 2, \cdots, n$ 相互独立, 皆服从 $U(a, b)$ 分布, 对 $\forall x > 0$ 则 $S = X_1 + X_2 + \cdots + X_n$ 的概率密度是

$$f_S(x) = \frac{b-a}{(n-1)!}\sum_{h=0}^{[x]} C_n^h (-1)^h (x-h)^{n-1} \qquad (2.1.10)$$

3. 泊松分布的卷积

设 $X \sim P(\lambda)$，$Y \sim P(\mu)$ 相互独立，则 $X + Y$ 的概率密度是

$$f_{X+Y}(s) = \sum_{x=0}^{s} f_Y(s-x) f_X(x) = \frac{e^{-\lambda-\mu}}{s!} \sum_{x=0}^{s} C_x^s \mu^{s-x} \lambda^x$$

$$= e^{-(\lambda+\mu)} \frac{(\lambda+\mu)^s}{s!} \quad s = 0, 1, 2, \cdots \tag{2.1.11}$$

2.1.3 几种变换[27]

1. 矩母函数

利用分布函数的变换有时可以较容易地确定独立随机变量和的分布，矩母函数就是这种变换之一，对一个非负随机变量 X，其矩母函数定义为

$$m_X(t) = E[e^{tX}], \quad -\infty < t < h \tag{2.1.12}$$

其中 h 为某个常数，因为要常用到矩母函数在 0 点附近的小领域里的取值，所以要求 $h > 0$. 如果 X 和 Y 相互独立，则 $X + Y$ 的矩母函数为

$$m_{X+Y}(t) = E[e^{t(X+Y)}] = E[e^{tX}] E[e^{tY}] = m_X(t) m_Y(t) \tag{2.1.13}$$

即分布函数的卷积对应矩母函数的简单乘积. 注意到矩母函数变化是一一对应的，所以每个分布函数恰好对应唯一的矩母函数，而且一个分布函数序列极限的矩母函数等于对应的矩母函数序列的极限.

对于某些具有重尾的分布，如柯西分布，其矩母函数不存在. 但是特征函数总是存在的. 它的特征函数可定义为

$$\phi_X(t) = E[e^{itX}], \quad -\infty < t < +\infty \tag{2.1.14}$$

特征函数的一个不足之处是需要处理复数，但无论是实数还是虚数，得到的都是同样的结果.

矩母函数可以用来产生随机变量的各阶矩. 利用 e^x 的展开式可以得到

$$mX(t) = \sum_{k=0}^{\infty} \frac{E[X^k] t^k}{k!} \tag{2.1.15}$$

所以 X 的 k 阶矩等于

$$E[X^k] = \frac{\mathrm{d}^k}{\mathrm{d}t^k} m_X(t) \mid_{t=0} \qquad (2.1.16)$$

2. 概率母函数

概率母函数仅用于取值为自然数的随机变量, 它可定义为

$$g_X(t) = E[t^X] = \sum_{k=0}^{\infty} t^k P(X=k) \qquad (2.1.17)$$

因此, 式(2.1.17)中的概率 $P(X=k)$ 作为概率母函数展开式中的系数. 若 $|t| \le 1$, 则级数(2.1.17)总是收敛的.

3. 累积量母函数

累积量母函数对于三阶中心矩的计算有很好的作用, 累积量母函数可定义为

$$\kappa_X(t) = \log m_X(t) \qquad (2.1.18)$$

对式(2.1.18)求导三次, 并令 $t=0$, 可以得到式(2.1.18)在 $t=0$ 点处的泰勒展开式, 它的前三项的系数分别是 EX, $\mathrm{Var}X$, $E(X-EX)^3$, 由这种方法得到的量就是 X 的半不变量, 记作 κ_k, $k = 1, 2, 3, \cdots$

4. 偏度

对随机变量 X, 令

$$\gamma_X = \frac{\kappa^3}{\sigma^3} = \frac{E(X-\mu)^3}{\sigma^3} \qquad (2.1.19)$$

其中 $\mu = EX$, $\sigma^2 = \mathrm{Var}X$, 称 γ_X 为随机变量的偏度.

当 $\gamma_X > 0$ 时, 则 $X - \mu$ 有取较大值的趋势, 因而此时其分布函数的右尾很重;

当 $\gamma_X < 0$ 时, 此时其分布函数的左尾很重;

当随机变量 X 的分布是对称的时, 此时 $\gamma_X = 0$, 反之不成立.

累积量母函数、概率母函数、特征函数、矩母函数之间有如下关系:

$$\kappa_X(t) = \lg m_X(t); \qquad g_X(t) = m_X(\lg t); \qquad \phi_X(t) = m_X(it).$$

§ 2.2 常用模型

人寿保险学模型的一个基本特征是时间要素，一般来说，由起初的缴纳保费到后来领取相应的养老金之间的时间跨度是几十年，在非寿险数学中这种时间特征就显得不那么突出了，然而建立统计模型一般会更复杂一些，本节将简单介绍一些被传统观点认为属非寿险精算学的模型及原理.

1. 期望效用模型

保险人的存在是可以用期望效用模型来解释的一个最好的例子，在期望效用模型中，被保险人是一个风险厌恶型的理性决策者，为了争取一个安全的金融地位，根据 Jensen 不等式，他会心甘情愿地付给保险人比自己面临的理赔额期望值多的保费. 这是一个要在不确定的情况下进行决策的体系，在这一体系下，被保险人做决策凭借的不是直接比较赔付额期望的大小，而是比较与赔付额密切相关的期望效用.

定理 1[27]（Jensen 不等式） 如果 $v(x)$ 是一个凸函数，Y 是一个随机变量，则

$$E[v(Y)] \geqslant v(EY) \tag{2.2.1}$$

其中等号成立当且仅当 $v(.)$ 在 Y 的支撑集上是线性的或 $\mathrm{Var}(Y) = 0$.

由此不等式可以得到，对于一个凹的效用函数 $v(.)$，有

$$E[u(\omega - X)] \leqslant u(E[\omega - X]) = u(\omega - EX) \tag{2.2.2}$$

因此这种决策者称为厌恶风险型，他宁愿支付固定数额的 EX，而不愿意面对随机损失 X.

风险厌恶系数：给定效用函数 $u(x)$，风险 X 最大保费 $P^+ \approx \mu - \dfrac{1}{2}\sigma^2 \dfrac{u''(\omega - \mu)}{u'(\omega - \mu)}$，因而可得效用函数 $u(.)$ 在财富 ω 处的绝对厌恶系数 $r(\omega) = -\dfrac{u''(\omega)}{u'(\omega)}$，所以，风险 X 的最大保费 $P^+ = \mu + \dfrac{1}{2}r(\omega - \mu)\sigma^2$，其中 μ 和 σ^2 分

别表示 X 的均值和方差.

效用风险模型的效用函数, 除了线性函数外, 还会用到以下一些函数:

平方效用函数 $u(\omega) = -(\alpha - \omega)^2$, $\omega \leqslant \alpha$;

对数效用函数 $u(\omega) = \log(\alpha - \omega)$, $\omega > -\alpha$;

指数效用函数 $u(\omega) = -\alpha e^{-\alpha\omega}$, $\omega > -\alpha$;

幂效用函数 $u(\omega) = \omega^c$, $\omega > 0$, $0 < c \leqslant 1$.

2. 个体和聚合风险模型

在个体风险模型中, 关于保险合同的一个风险组合的总理赔额常常表示为一个具有一定含义的随机变量. 个体风险模型中, 理赔总额被建模为由各保单生成的独立理赔变量之和. 这些理赔往往不可以假设为纯离散或者纯连续的随机变量. 尽管个体风险模型是最现实合理的, 但是由于我们获得的是被取整的数据, 而且不总是具有密度函数, 该模型有时使用起来很不方便. 而聚合风险模型常常是用来近似个体风险模型的. 在聚合风险模型中, 风险组合被看作一个随着时间变化而逐渐产生新理赔的保险风险过程. 这些理赔被假设为独立同分布的随机变量序列, 并且独立于时间段内的理赔次数. 所以, 总理赔就可以表示为一个独立同分理赔额变量相加构成的随机和. 通常, 我们可以假设理赔次数是一个具有特定均值的泊松变量. 至于单个理赔额的累积分布函数, 可以用各保单理赔的累积分布的平均值来代替.

个体风险模型(混合随机变量与分布): 分布函数 $F_Z(z) = P(Z \leqslant z)$, $Z = IX + (1 - I)Y$, 其中 X 为一个离散随机变量, Y 为一个连续随机变量, I 是独立于 X 和 Y 的分布函数的混合. 由于分布函数不一定有形式, 所以不好讨论.

聚合风险模型: 各保单组合对应的聚合模型是指形如 $\lambda = \sum\limits_{i=1}^{n} \lambda_i$ 和 $P(x) = \sum\limits_{i=1}^{n} \dfrac{\lambda_i}{\lambda} I_{[b_i, \infty)}(x)$ 的复合泊松分布, 这就是聚合风险模型, 其中 $\lambda_i = q_i$, 称之为经典聚合逼近.

3. 古典风险模型

古典风险模型也称为破产模型,该模型中需要研究的问题是保险人运营的稳健性.设逐年收取的保费固定不变,保险人在时间 $t = 0$ 的初始资本为 u,他们的资本金会随着时间线性递增,但每当一个理赔发生时资本金过程就会有一个下跳.如果在某个时刻资本金过程取负值,就可以说破产事件发生了.假设年保费和理赔过程保持不变,当研究保险人的资产与他的负债是否匹配时,破产概率是一个很好的指标.如果其资产与负债匹配不好,那保险人会采取一些措施来加以调整,如增加再保份额,提高保费或者增加初始资本金等.

一个随机过程是由一些相关的下标为 t 的随机变量组成的.令

$$U(t) = u + ct - S(t), \quad t \geq 0 \qquad (2.2.3)$$

其中:

$U(t)$ = 保险人在时刻 t 的资本金;

$u = U(0)$ = 初始资本金;

c = 单位时间的(常数)保费收入;

$$S(t) = X_1 + X_2 + \cdots + X_{N(t)}.$$

并且,

$N(t)$ = 到时刻 t 的理赔次数;

X_i = 第 i 个理赔的额度(设为非负).

该模型只有当理赔额为指数分布的混合或线性组合时,计算破产概率的解析方法才是有效的.当理赔额服从离散分布而且没有太多的支撑点时,可用计算机来计算.同时,还可以给出破产概率精确的上下界估计值.在很多时候,人们更关心的是破产概率的一个简单的指数型上界,即 Lundberg 界.

这里,先给出调节系数的定义.

定义 1 设理赔 $X \geq 0$ 满足 $EX = \mu_1 > 0$,则称关于 r 的方程

$$1 + (1 + \theta)\mu_1 r = m_X(r) \qquad (2.2.4)$$

的正数解 R 为 X 的调节系数.

定义 2(破产概率的 Lundberg 型指数界)设在一个复合泊松风险过程中,初始资本金为 u,单位时间的保费为 c,理赔分布及其矩母函数分别为 $P(\cdot)$

和 $m_X(t)$，并且调节系数 R 满足式(2.2.4)，则破产概率满足如下不等式：

$$\phi(u) \leqslant e^{-Ru} \qquad\qquad (2.2.5)$$

有关风险模型还有很多，如广义线性模型，等等，Erlang(n)模型也是其中的一种，本书在后面讨论了 Erlang(2)模型的推广，关于这种模型在第 5 章将做详细介绍，这里不再赘述.

第3章　古典风险模型在多发点过程上的推广

§3.1　引言

日常生活中, 有许多的投资行为, 在可能营利的同时, 都存在一定的风险. 在保险业务中, 最具代表性的就是古典风险模型:

$$U_1(t) = u + ct - \sum_{k=1}^{N(t)} Z_k, \quad t \geqslant 0 \qquad (3.1.1)$$

其中, $U_1(t)$ 表示保险公司在时刻 t 的资产盈余; $U_1(0) = u \geqslant 0$ 为公司的初始资产; $c > 0$ 为单位时间内的保费收入; $\{N(t)\}_{t \geqslant 0}$ 为一个强度为 $\lambda > 0$ 的齐次 Poisson 点过程, 表示到时刻 t 为止公司收到的索赔次数, 且有 $N(0) = 0$; $\{Z_k\}_{k=1,2,3,\cdots}$ 为一列独立同分布的取正值的随机变量, 代表第 k 次索赔值的大小, 且与 $N(t)$ 是独立的, $\rho = \dfrac{c - \lambda E Z_1}{\lambda E Z_1} > 0$.

Poisson 过程具有"普通性", 即在充分小的时间段内的跳至多为 1. 换种说法就是 Poisson 过程的一个点只对应一次跳, 在这里也就是对应着一次索赔. 古典风险模型的一类很重要的推广是对点过程 $N(t)$ 的推广, 将其定义为比 Poisson 过程更普通的更新过程、Cox 过程等, 但是这些点过程仍然受到"普通性"的限制. 然而在实际生活中有许多情况并不受此约束, 在同一时刻有多次索赔的情况经常会发生(常见于汽车保险、火灾保险等). 这就要求在推广点过程 $N(t)$ 的时候, 也要考虑到对"普通性"条件的推广, 也就是本研究的出发点.

将一般点过程的"普通性"约束去掉后, 就得到了一类点过程, 叫做"多发"点过程(Multiple Occurrences Processes),本书参考文献[3]中给出了多发点过程的定义,具体如下:

定义 1　如果一点过程在某一时刻的一点对应着一次或多次跳的发生,则定义这样的点过程为多发点过程,记为 $\{R(t)\}_{t \geqslant 0}$,此时刻发生的次数定义为对应这一时刻的点的重数.

由上面的定义可以看出一个多发点过程 $R(t)$ 对应着一个一般的点过程,它们的差别仅在于相应点的重数不同.于是可以用一个一般的点过程 $N_R(t)$ 来表示一个多发点过程 $R(t)$ 的点的发生.下面考虑一类特殊的多发点过程,即不同点的重数是独立同分布的取正整数值的随机变量 $\{M_i\}_{i=1,2,\cdots}$,且与表示过程的点的 $N_R(t)$ 是独立的.此时 $R(t)$ 可以表示为下面的形式:

$$R(t) = M_1 + M_2 + M_{N_R(t)} = \sum_{i=1}^{N_R(t)} M_i, \quad t \geqslant 0 \tag{3.1.2}$$

用一个多发点过程 $R(t)$ 表示到 t 时刻为止保险公司收到的索赔次数,我们就得到了模型(3.1.1)的一类推广:

$$U_2(t) = u + ct - \sum_{k=1}^{R(t)} Z_k, \quad t \geqslant 0,$$

其中 $R(t) = \sum_{i=1}^{N_R(t)} M_i$,即有

$$U_2(t) = u + ct - \sum_{k=1}^{\sum_{i=1}^{N_R(t)} M_i} Z_k, \quad t \geqslant 0 \tag{3.1.3}$$

我们称模型(3.1.3)为多发风险模型.很自然地会想到是否可以通过某种变形将其转化为与模型(2.1.1)类似的形式?参考文献[4]中考虑了 $N_R(t)$ 为齐次 Poisson 过程时相应的古典多发风险模型的转化问题,以及在索赔额服从指数分布的特殊情况下对普通的古典风险模型与古典多发风险模型进行了比较.本书在第 2 章首先提出了更为一般的多发风险模型,并将新的模型进行了转化,把这个新模型转化成了与模型(2.1.1)类似的形式.本章对索赔额服从一般分布的情形对普通的古典风险模型与古典多发风险模型在破产概率、Lundberg 指数、存活概率等方面进行了比较;在第 4 章将给出古典多发风险模型负盈余持续时间的计算方法并与古典风险模型负盈余持续时间加以比较,从而得出了无论是破产概率、还是 Lundberg 指数、存活概率、负盈余持续时

间等都更加与实际相符的结论.

§3.2 多发风险模型及其转化

下面考虑 $N_R(t)$ 为一个一般点过程时的情况. 事实上, 当 $N_R(t)$ 为一个一般点过程时, 模型(2.1.3)就是本书要给出的多发风险模型.

首先给出几个已知条件: $\{Z_k\}_{k=1,2,\cdots}$ 服从分布 $P_Z(z)$, 且有 $P_Z(0) = 0$; $\{M_i\}_{i=1,2,\cdots}$ 服从分布 $\{p_i, i = 1, 2, \cdots\}$; 且设 $c - \dfrac{EN_R(t)}{t} \cdot EZ_1 \cdot EM_1 > 0$.

引入随机变量列 $\{X_n\}_{n=1,2,\cdots}$, 其中 $\{X_n\}$ 定义为

$$X_n = \sum_{i=1}^{M_n} Z_{\sum_{j=1}^{n-1} M_j + 1}$$

于是模型(3.1.3)化为

$$U_3(t) = u + ct - \sum_{k=1}^{N_R(t)} X_k, \qquad t \geqslant 0 \qquad (3.2.1)$$

模型(3.2.1)与模型(3.1.1)在形式上已经完全一样, 关键还要看 $\{X_n\}_{n=1,2,\cdots}$ 是否具有独立同分布的性质. 任取正整数 m, n, 满足 $1 \leqslant m < n$, 令 $f(t_m)$, $f(t_n)$ 分别表示 X_m, X_n 的特征函数, $f(t_m, t_n)$ 表示 (X_m, X_n) 的特征函数. 由 $\{M_i\}_{i=1,2,\cdots}$ 和 $\{Z_k\}_{k=1,2,\cdots}$ 的独立同分布性, 有

$$f(t_m, t_n) = E[\exp\{it_m X_m + it_n X_n\}]$$

$$= E\left[\exp\left\{it_m \sum_{k=1}^{M_m} Z_{\sum_{j=1}^{m-1} M_j + k}\right\} \cdot \exp\left\{it_n \sum_{l=1}^{M_n} Z_{\sum_{j=1}^{n-1} M_j + l}\right\}\right]$$

$$= E\left[E\left[\exp\left\{it_m \sum_{k=1}^{M_m} Z_{\sum_{j=1}^{n-1} M_j + k}\right\} \cdot \exp\left\{it_n \sum_{l=1}^{M_n} Z_{\sum_{j=1}^{n-1} M_j + M_m + \sum_{k=m+1}^{n-1} M_k + 1}\right\} \,\Big|\, \sum_{j=1}^{m-1} M_j, M_m, \right.\right.$$

$$\left.\left. \sum M_k, Z_1, \cdots, Z_{\sum_{j=1}^{m} M_j}\right]\right]$$

$$= E\left[\exp\left\{it_m \sum_{k=1}^{M_m} Z_{\sum_{j=1}^{m-1} M_j + k}\right\} \cdot E\left[\exp\left\{it_n \sum_{l=1}^{M_n} Z_{\sum_{j=1}^{n-1} M_j + M_m + \sum_{k=m+1}^{n-1} M_k + 1}\right\} \,\Big|\, \sum_{j=1}^{m-1} M_j, M_m, \right.\right.$$

$$\left.\left. \sum_{k=m+1}^{n-1} M_k, Z_1, \cdots, Z_{\sum_{j=1}^{m} M_j}\right]\right]$$

$$= E\left[\exp\{it_m X_m\} \cdot E\left[\exp\left\{it_n \sum_{l=1}^{M_n} Z_l\right\} \,\Big|\, \sum_{j=1}^{m-1} M_j, M_m, \sum_{k=m+1}^{n-1} M_k, Z_1, \cdots, Z_{\sum_{j=1}^{m} M_j}\right]\right]$$

$$= E \left[\exp\{it_m X_m\} \cdot E\left[\exp\left\{it_n \sum_{l=1}^{M_n} Z_l\right\}\right]\right]$$

$$= E\left[\exp\{it_m X_m\}\right] \cdot E\left[\exp\left\{it_n \sum_{l=1}^{M_n} Z_l\right\}\right]$$

$$= f(t_m) \cdot E\left[E\left[\exp\left\{it_n \sum_{l=1}^{M_n} Z_l\right\} \mid \sum_{j=1}^{n-1} M_j\right]\right]$$

$$= f(t_m) \cdot E\left[E\left[\exp\left\{it_n \sum_{l=1}^{M_n} Z_{\sum_{j=1}^{n-1} M_j + l}\right\} \mid \sum_{j=1}^{n-1} M_j\right]\right]$$

$$= f(t_m) \cdot E\left[\exp\{it_n X_n\}\right]$$

$$= f(t_m) \cdot f(t_n) \tag{3.2.2}$$

由式 $(3.2.2)$ 知 $\{X_n\}_{n=1,2,\dots}$ 也具有独立同分布性，且具有共同的分布函数

$$P_X(x) = P\left\{\sum_{k=1}^{M_1} Z_k < x\right\}$$

$$= E\left[P\left\{\sum_{k=1}^{M_1} Z_k < x \mid M_1\right\}\right] \tag{3.2.3}$$

$$= E P_Z^{M_1 *}(x) = \sum_{k=1}^{\infty} p_k \cdot P_Z^{k*}(x)$$

其中 $P_Z^{k*}(x)$ 为分布函数 $P_Z(x)$ 的 k 重卷积.

这样就通过上述方法将模型 $(3.1.3)$ 转化成了模型 $(3.2.1)$. 于是求模型 $(3.1.3)$ 的破产概率问题就可以相应地转化为求模型 $(3.2.1)$ 的破产概率. 但是应该注意到，模型 $(3.1.3)$ 的提出有它的实际意义，即在应当用多发点过程 $R(t)$ 表示保险公司收到的索赔次数的情况下，如果仍然用一般的点过程 $N(t)$ 来建立模型，就会低估破产概率的上界，从而使破产概率比实际预算大. 下面将分情况具体讨论这一问题.

§3.3　新旧模型的比较

由于模型 $(3.2.1)$ 是模型 $(3.1.3)$ 的变形，下面我们将用模型 $(3.2.1)$ 代替模型 $(3.1.3)$ 与模型 $(3.1.1)$ 进行比较. 首先定义几个符号：

$T_1 = \inf\{t \geq 0,\ U_1(t) < 0\}$，$T_2 = \inf\{t \geq 0,\ U_3(t) < 0\}$ 分别表示模型

(3.1.1) 和模型(3.2.1) 的破产时间；

$\psi_1(u) = P[T_1 < \infty | U_1(0) = u]$ 表示模型(3.1.1) 的初值为 u 的最终破产概率；

$\psi_2(u) = P[T_2 < \infty | U_3(0) = u]$ 表示模型(3.2.1) 的初值为 u 的最终破产概率；

$\phi_1 = 1 - \psi_1(u)$，$\phi_2 = 1 - \psi_2(u)$ 分别表示两模型的生成概率；

R_1，R_2 分别为模型(3.1.1) 和模型(3.2.1) 的 Lundberg 指数，则有 R_1，$R_2 > 0$；

$$h_1(r) = \int_0^\infty e^{rz} dP_Z(z) - 1;$$

$$h_2(r) = \int_0^\infty e^{rx} dP_X(x) - 1 = \sum_{n=1}^\infty p_n (h_1(r) + 1)^n - 1;$$

$$\hat{P}_Z(v) = \int_0^\infty e^{-vz} dP_Z(z);$$

$$\hat{P}_X(v) = \int_0^\infty e^{-vx} dP_X(x).$$

由于我们要对模型(3.1.1) 和模型(3.2.1) 进行比较，我们需要规定一个前提即单位时间内公司收到的索赔次数要相等；且假设 $EM_1 > 1$，否则两模型就相同了.

3.3.1 $N(t)$ 和 $N_R(t)$ 为齐次 Poisson 过程

令 $N(t)$ 服从指数分布和 $N_R(t)$ 分别为具有参数 λ 和 λ_R 的齐次 Poisson 过程，由上述前提知 λ 和 λ_R 满足：

$$\lambda = \lambda_R \cdot EM_1$$

对 Z_i 和 M_j 服从两点分布的情况本书参考文献[4]中进行了初步讨论，下面我们对具有任意分布的 Z_i 和 M_j 证明下面的结论：

结论 1：$R_1 > R_2$.

证明：因为 R_1，R_2 分别满足下面的基本方程

$$\lambda + rc = \lambda(h_1(r) + 1) \tag{3.3.1}$$

$$\lambda_R + rc = \lambda_R(h_2(r) + 1) \tag{3.3.2}$$

将 $\lambda = \lambda_R \cdot EM_1$ 和 $h_2(r)$ 的定义分别代入式(3.3.1)、式(3.3.2)，得

$$R_1 \cdot \frac{c}{\lambda_R EM_1} = h_1(R_1)$$

$$R_2 \cdot \frac{c}{\lambda_R} = \sum_{n=1}^{\infty} p_n \left[(h_1(R_2) + 1)^n + 1 \right]$$

两式相除，得

$$
\begin{aligned}
EM_1 &= \sum_{n=1}^{\infty} p_n \frac{\left[(h_1(R_2) + 1)^n - 1 \right]/R_2}{h_1(R_1)/R_1} \\
&= \frac{h_1(R_2)/R_2}{h_1(R_1)/R_1} \sum_{n=1}^{\infty} p_n \sum_{i=1}^{n-1} (h_1(R_2) + 1)^i
\end{aligned}
\tag{3.3.3}
$$

由 $h_1(r)$ 的定义知 $h_1(R_2) > 0$，故

$$\sum_{i=0}^{n-1} (h_1(R_2) + 1)^i > n$$

而 $EM_1 = \sum_{n=1}^{\infty} n p_n$，因而要使得式(3.3.3)中的等式成立，必须有

$$\frac{h_1(R_2)}{R_2} < \frac{h_1(R_1)}{R_1} \tag{3.3.4}$$

又由于当 $r > 0$ 时，有

$$\left(\frac{h_1(r)}{r} \right)' = \frac{1}{r^2} \int_0^{\infty} \left[(rz - 1) e^{rz} + 1 \right] \mathrm{d}P_Z(z)$$

及函数 $(rz - 1)e^{rz} + 1$ 于区间 $[0, +\infty)$ 上单调递增，于是有函数 $\dfrac{h_1(r)}{r}$ 在区间 $(0, +\infty)$ 上严格单调递增.

于是由式(3.3.4)知结论成立，即 $R_1 > R_2$.

结论 2：$\phi_1(u) > \phi_2(u)$，$u > 0$.

证明：令 $G_1(x) = \dfrac{1}{EZ_1} \int_0^x (1 - P_Z(z)) \mathrm{d}z$，$G_2(x) = \dfrac{1}{EX_1} \int_0^x (1 - P_X(z)) \mathrm{d}z$，则有

$$G_1(0) = G_2(0) = 0.$$

由于 $P_Z(0) = 0$，于是对充分小的 z 有 $P_Z(z) < 1$，故

$$G_1(x) > 0, \quad x > 0.$$

同理可证: $G_2(x) > 0$, $x > 0$.

下面先证明一个引理:

引理 1 设 $F(x)$, $G(x)$ 均为 $[0, +\infty)$ 上的分布函数, 若 $G(x) \geq F(x)$, $x \in [0, +\infty)$, 则对任意正整数 n 有 $G^{n*}(x) \geq F^{n*}(x)$.

证明: 当 $n = 2$ 时, 有

$$G^{2*}(x) = \int_0^x G(x-y)\mathrm{d}G(y) \geq \int_0^x F(x-y)\mathrm{d}G(y)$$

$$= \int_0^x G(x-y)\mathrm{d}F(y) \geq \int_0^x F(x-y)\mathrm{d}F(y)$$

$$= F^{2*}(x).$$

利用数学归纳法易证, 对任意正整数 n 有 $G^{n*}(x) \geq F^{n*}(x)$.

由 beekman 公式得

$$\phi_1(u) = \frac{c - \lambda EZ_1}{c} \sum_{n=0}^{\infty} \left(\frac{\lambda EZ_1}{c}\right)^n G_1^{n*}(u) \tag{3.3.5}$$

$$\phi_2(u) = \frac{c - \lambda_R EX_1}{c} \sum_{n=0}^{\infty} \left(\frac{\lambda_R EX_1}{c}\right)^n G_2^{n*}(u) \tag{3.3.6}$$

由 $\lambda = \lambda_R \cdot EM_1$, $EX_1 = EZ_1 \cdot EM_1$ 和引理 1 知要证明 $\phi_1(u) > \phi_2(u)$, 只需证明至少存在一个 $k \geq 0$, 使得

$$G_1^{k*}(x) \geq G_2^{k*}(x), \quad u > 0. \tag{3.3.7}$$

第一步: 先证明 $G_1(u) \geq G_2(u)$, $u > 0$.

为此我们引入函数的完全单调性的概念及几个引理.

定义 2 称函数 $F(s)$, $s > 0$ 完全单调, 如果它的各阶导数 $F^{(n)}$ 均存在, 并且有: $(-1)^n F^{(n)}(s) \geq 0$, $s > 0$, 其中 n 为正整数.

引理 2 函数 $F(s)$ 完全单调的充分必要条件为存在 $[0, +\infty)$ 上的分布函数 $G(x)$, 使得

$$F(s) = \int_0^{\infty} \mathrm{e}^{-sx} \mathrm{d}G(x).$$

引理 3 若函数 $F(s)$ 完全单调, c 为正数, 则 $F(s) + c$, $cF(s)$ 也完全单调.

引理 4 若函数 $F_1(s)$, $F_2(s)$ 完全单调, 则 $(F_1 + F_2)(s)$, $(F_1 \cdot F_2)(s)$

也完全单调.

引理 5　若 $\{F_i(s)\}_{i=1,2,\cdots}$ 是完全单调序列，而 $\sum\limits_{i=1}^{\infty}F_i(s)$ 可任意阶逐项求导，则 $\sum\limits_{i=1}^{\infty}F_i(s)$ 也完全单调.

引理 2 的证明可参考参考文献[30]，引理 3、4、5 的证明比较简单，在这里我们不作详细证明.

由引理 2 可知，只需证明 $\int_0^{\infty}\mathrm{e}^{-sx}(G_1(x)-G_2(x))\mathrm{d}x$ 完全单调，即可推出 $G_1(x)\geqslant G_2(x)$. 而

$$
\begin{aligned}
&\int_0^{\infty}\mathrm{e}^{-sx}(G_1(x)-G_2(x))\mathrm{d}x\\
&=\int_0^{\infty}e^{-sx}\left[\frac{1}{EZ_1}\int_0^x(1-P_Z(z))\mathrm{d}z-\frac{1}{EX_1}\int_0^x(1-P_X(z))\mathrm{d}z\right]\mathrm{d}x\\
&=\frac{1}{EZ_1s^2}(1-\hat{P}_Z(s))-\frac{1}{EZ_1s^2}(1-\hat{P}_X(s))\\
&=\frac{1}{EX_1s^2}\left[\sum_{n=1}^{\infty}np_n(1-\hat{P}_Z(s))-\sum_{n=1}^{\infty}p_n(1-\hat{P}_Z^n(s))\right]\\
&=\frac{1}{EX_1s^2}\sum_{n=1}^{\infty}p_n(1-\hat{P}_Z(s))\sum_{i=1}^{n-1}(1-\hat{P}_Z^i(s))\\
&=\frac{1}{EX_1s^2}\sum_{n=1}^{\infty}p_n(1-\hat{P}_Z(s))^2\sum_{i=1}^{n-1}\sum_{j=0}^{i-1}\hat{P}_Z^j(s)\\
&=\frac{1}{EX_1}\sum_{n=1}^{\infty}p_n\left(\frac{1-P_Z(s)}{s}\right)^2\left[(n-1)+(n-2)\hat{P}_Z(s)+(n-3)\hat{P}_Z^2(s)+\cdots+\right.\\
&\quad\left.\hat{P}_Z^{n-2}(s)\right]
\end{aligned}
\tag{3.3.8}
$$

由引理 2 知 $\hat{P}_Z(s)$，$\hat{P}_X(s)$ 均完全单调，从而由引理 3、引理 4 知

$$(n-1)+(n-2)\hat{P}_Z(s)+(n-3)\hat{P}_Z^2(s)+\cdots+\hat{P}_Z^{n-2}(s)\text{ 也完全单调. 而}$$

$\dfrac{1-\hat{P}_Z(s)}{s}$ 经计算可知是 $\int_0^x(1-P_Z(z))\mathrm{d}z$ 的拉普拉斯-斯蒂尔切斯变换，从而也是完全单调的，故 $\left(\dfrac{1-P_Z(s)}{s}\right)^2\left[(n-1)+(n-2)\hat{P}_Z(s)+(n-3)\right.$

$\hat{P}_Z{}^2(s) + \cdots + \hat{P}_Z^{n-2}(s)]$ 完全单调.

因为对 $\forall k > 0$，有

$$\sum_{n=1}^{\infty} n p_n \left| (1 - \hat{P}_Z(s))^{(k)} - \left(\frac{1 - \hat{P}_X(s)}{n} \right)^{(k)} \right|$$

$$\leqslant \sum_{n=1}^{\infty} n p_n (|\hat{P}_Z^{(k)}(s)| + |\hat{P}_X^{(k)}(s)|)$$

$$= E M_1 (|\hat{P}_Z^{(k)}(s)| + |\hat{P}_X^{(k)}(s)|) < \infty$$

所以由式(3.3.8)中的第三项知，$\left(\dfrac{1 - P_Z(s)}{s} \right)^2 [(n-1) + (n-2)\hat{P}_Z(s) +$

$(n-3)\hat{P}_Z^2(s) + \cdots + \hat{P}_Z^{n-2}(s)]$ 的级数可逐项求导，从而由引理 5 得

$\displaystyle\int_0^x e^{-sx}(G_1(x) - G_2(x)) dx$ 完全单调.

故 $G_1(u) \geqslant G_2(u)$，$u > 0$ 得证.

第二步：已知 $G_1(u) \geqslant G_2(u)$，$u > 0$，证明结论 2 成立.

若 $G_1(u) > G_2(u)$，$u > 0$，则式(3.3.5)、式(3.3.6)、引理 1 即可推出 $\phi_1(u) > \phi_2(u)$. 若存在 $u > 0$，使得 $G_1(u) = G_2(u)$，则令 $u_1 = \inf\{u; u > 0, G_1(u) = G_2(u)\}$，易知 $u_1 > 0$，因为当正数 u 充分小时，$1 - P_Z(u) > \dfrac{1}{2}$；于是对某一正整数 $N_0 > 1$，$p_{N_0} > 0$，有 $N_0(1 - P_Z(u))p_{N_0} > p_{N_0} \geqslant (1 - P_Z^{N_0*}(u))p_{N_0}$，于是

$$G_1(u) - G_2(u) = \frac{1}{EX_1} \int_0^u \sum_{n=1}^{\infty} [n(1 - P_Z(x)) - (1 - P_Z^{n*}(x))]p_n dx > 0$$

即 $u_1 > 0$.

由 $P_Z(0) = 0$ 和 $G_1(u)$ 的定义知一定可以找到一个正数 u_2，满足 $1 - P_Z(u)$ 在 $[0, u_2]$ 上大于 0，即 $G_1(u)$ 在 $[0, u_2]$ 上严格单调递增.

令 $u_0 = \min\{u_1, u_2\}$，下面分两种情况证明结论：

(1)当 $0 < u < u_0$ 时，由 u_1 的定义可知 $G_1(u) \geqslant G_2(u)$，从而可推出 $\phi_1(u) > \phi_2(u)$.

(2)当 $u \geqslant u_0$ 时，令 $u = m u_0$，其中 $k \leqslant m \leqslant k+1$，$k$ 为正整数，则

$$G_1^{(k+1)*}(u) - G_2 * G_1^{k*}(u)$$

$$= \int_0^u [G_1(u-x) - G_2(u-x)] \mathrm{d}G_1^{k*}(x)$$

$$\geqslant \int_{u-[(m-k)u_0+\frac{3}{4}(k+1-m)u_0]}^{u-[(m-k)u_0+\frac{1}{4}(k+1-m)u_0]} [G_1(u-x) - G_2(u-x)] \mathrm{d}G_1^{k*}(x)$$

$$= \int_{u-[\frac{1}{4}(m-k)+\frac{3}{4}]u_0}^{u-[\frac{3}{4}(m-k)+\frac{1}{4}]u_0} [G_1(u-x) - G_2(u-x)] \mathrm{d}G_1^{k*}(x) \quad (3.3.9)$$

由于在式(3.3.9)的积分中

$$0 < \left[\frac{3}{4}(m-k) + \frac{1}{4}\right]u_0 \leqslant \left[\frac{1}{4}(m-k) + \frac{3}{4}\right]u_0 < u_0$$

又因在区间 $[0, u_0]$ 上 $G_1(u) \geqslant G_2(u)$，可知存在正数 δ，使得上面积分中

$$G_1(u-x) - G_2(u-x) \geqslant \delta$$

再令 $\{Y_n\}_{n=1,2,3,\cdots}$ 是独立且具有共同分布 $G_1(x)$ 的随机变量列，则有

$$G_1^{(k+1)*}(u) - G_2 * G_1^{k*}(u)$$

$$\geqslant \delta P\left\{u - \left[\frac{3}{4}(m-k) + \frac{1}{4}\right]u_0 \leqslant \sum_{n=1}^k Y_n \leqslant u - \left[\frac{1}{4}(m-k) + \frac{3}{4}\right]u_0\right\}$$

$$\geqslant \delta P\left\{\bigcap_{n=1}^k \left[\frac{1}{k}\left(u - \left(\frac{3}{4}(m-k) + \frac{1}{4}\right)u_0\right) \leqslant Y_k \leqslant \frac{1}{k}\left(u - \left(\frac{1}{4}(m-k) + \frac{1}{4}\right)u_0\right)\right]\right\}$$

$$= \delta P^k\left\{\frac{1}{k}\left(u - \left(\frac{3}{4}(m-k) + \frac{1}{4}\right)u_0\right) \leqslant Y_1 \leqslant \frac{1}{k}\left(u - \left(\frac{1}{4}(m-k) + \frac{3}{4}\right)u_0\right)\right\}$$

$$= \delta\left[G_1\left(\frac{1}{k}\left(u - \left(\frac{4}{3}(m-k) + \frac{1}{4}\right)u_0\right)\right) - G_2\left(\frac{1}{k}\left(u - \left(\frac{1}{4}(m-k) + \frac{3}{4}\right)u_0\right)\right)\right]^k \quad (3.3.10)$$

因为

$$0 < \frac{1}{k}\left[u - \left(\frac{3}{4}(m-k) + \frac{1}{4}\right)u_0\right] < \frac{1}{k}\left[u - \left(\frac{1}{4}(m-k) + \frac{3}{4}\right)u_0\right] < u_0$$

所以

$$\delta\left[G_1\left(\frac{1}{k}\left(u - \left(\frac{4}{3}(m-k) + \frac{1}{4}\right)u_0\right)\right) - G_2\left(\frac{1}{k}\left(u - \left(\frac{1}{4}(m-k) + \right.\right.\right.\right.$$

$$\frac{3}{4}\bigg)u_0\bigg)\bigg)\bigg]^k > 0$$

再由引理 1 及 $G_1(x) \geqslant G_2(x)$，$u > 0$ 得

$$G_1^{(k+1)*}(u) > G_2 * G_1^{k*}(u) \geqslant G_2 * G_2^{k*}(u) = G_2^{(k+1)*}(u)$$

所以由式(3.3.5)、式(3.3.6)即可推出 $\phi_1(u) > \phi_2(u)$ 的结论成立.

3.3.2 $N(t)$ 和 $N_R(t)$ 为 Cox 过程

令 $N(t)$ 和 $N_R(t)$ 分别为具有底测度 $\Lambda(t)$ 和 $\Lambda_R(t)$ 的 Cox 过程，则 $N(t)$ 和 $N_R(t)$ 可以表示为 $\tilde{N}(\Lambda(t))$ 和 $\tilde{N}(\Lambda_R(t))$，其中 $\tilde{N}(t)$ 和 $\tilde{N}_R(t)$ 都是标准 Poisson 过程，$\Lambda(t)$ 和 $\Lambda_R(t)$ 为定义在概率空间 $(\Omega, \Im, P)$ 上的扩散随机测度，$\Lambda(t)$ 与 $\tilde{N}(t)$ 和 $\Lambda_R(t)$ 与 $\tilde{N}_R(t)$ 都是相互独立的，且假设 $\Lambda(t) = \Lambda_R(t) \cdot EM_1$.

这种情况下我们考虑模型

$$U_1'(t) = u + (1 + \rho)EZ_1\Lambda(t) - \sum_{k=1}^{N(t)} Z_k, \ t \geqslant 0 \qquad (3.3.11)$$

和利用多发点过程 $R(t)$ 构造的模型的变型

$$U_3'(t) = u + (1 + \rho)EX_1\Lambda_R(t) - \sum_{k=1}^{N_R(t)} X_k, \ t \geqslant 0 \qquad (3.3.12)$$

其中 ρ 为一正数.

令

$\tilde{\psi}_1(u) = P[\inf\limits_{t \geqslant 0} U_1'(t) < 0]$ 为模型 (3.3.11) 的初值为 u 的最终破产概率;

$\tilde{\psi}_2(u) = P[\inf\limits_{t \geqslant 0} U_3'(t) < 0]$ 为模型 (3.3.12) 的初值为 u 的最终破产概率;

$\tilde{\phi}_1(u) = 1 - \tilde{\psi}_1(u)$，$\tilde{\phi}_2(u) = 1 - \tilde{\psi}_2(u)$ 分别表示两模型的生成概率;

$\Lambda^{-1}(t) = \sup(s \mid \Lambda(s) \leqslant t)$，$\Lambda_R^{-1}(t) = \sup(s \mid \Lambda_R(s) \leqslant t)$ 分别为 $\Lambda(t)$ 和 $\Lambda_R(t)$ 的右连续逆.

运用时间变换的方法可以将模型 (3.3.11) 和 (3.3.12) 变为

$$U_1'(\Lambda^{-1}(t)) = u + (1 + \rho)EZ_1 t - \sum_{k=1}^{\tilde{N}(t)} Z_k, \ t \geqslant 0$$

和

$$U_3'(\Lambda_R^{-1}(t)) = u + (1+\rho)EZ_1 t - \sum_{k=1}^{\tilde{N}_R(t)} Z_k, \quad t \geq 0$$

由于 $\Lambda(t)$ 和 $\Lambda_R(t)$ 都是非负不减的，利用右连续逆的定度和上式我们可知模型 (3.3.11) 与 $c = (1+\rho)EZ_1$，$\lambda = 1$ 时的模型 (3.1.1) 具有相同的破产概率和调节系数；同样的 (3.3.12) 与 $c = (1+\rho)EX_1$，$\lambda_R = 1$ 时的模型 (3.2.1) 也具有相同的破产概率和 Lundberg 指数. 令 $\tilde{R}_1$，$\tilde{R}_2$ 分别为模型 (3.3.11) 和模型 (3.3.12) 的 Lundberg 指数，则我们可以证明如下结论：

结论 1： $\tilde{R}_1 > \tilde{R}_2$.

证明： 由上面的说明我们可知 $\tilde{R}_1$，$\tilde{R}_2$ 分别满足以下方程：

$$1 + r(1+\rho)EZ_1 = h_1(r) + 1 \tag{3.3.13}$$

和

$$1 + r(1+\rho)EX_1 = h_2(r) + 1 \tag{3.3.14}$$

将 $h_2(r)$ 的定义代入式 (3.3.14) 中有

$$\tilde{R}_1(1+\rho)EZ_1 = h_1(\tilde{R}_1)$$

$$\tilde{R}_2(1+\rho)EZ_1 \cdot EM_1 = \sum_{n=1}^{\infty} p_n \left[(h_1(\tilde{R}_2) + 1)^n - 1 \right]$$

两式相除，得

$$EM_1 = \frac{h_1(\tilde{R}_2)/\tilde{R}_2}{h_1(\tilde{R}_1)/\tilde{R}_1} \sum_{n=1}^{\infty} p_n \sum_{i=0}^{n-1} (h_1(\tilde{R}_2) + 1)^i$$

由本节第一部分中的结论 1 的证明可知结论 $\tilde{R}_1 > \tilde{R}_2$ 成立.

结论 2： $\tilde{\phi}_1(u) > \tilde{\phi}_2(u)$，$u > 0$.

证明： 分布函数 $G_1(x)G_2(x)$ 的定义与本节第一部分中相同.

由于模型 (3.3.11) 与 $c = (1+\rho)EZ_1$，$\lambda = 1$ 时的模型 (3.1.1) 具有相同的

破产概率，故由 Beekman 公式有

$$\tilde{\phi}_1(u) = \frac{(1+\rho)EZ_1 - EZ_1}{(1+\rho)EZ_1} \sum_{n=0}^{\infty} \left(\frac{EZ_1}{(1+\rho)EZ_1}\right)^n G_1^{n*}(u)$$

$$= \frac{\rho}{1+\rho} \sum_{n=0}^{\infty} \frac{1}{(1+\rho)^n} G_1^{n*}(u) \tag{3.3.15}$$

同理，可得

$$\tilde{\phi}_2(u) = \frac{(1+\rho)EX_1 - EX_1}{(1+\rho)EX_1} \sum_{n=0}^{\infty} \left(\frac{EX_1}{(1+\rho)EX_1}\right)^n G_2^{n*}(u)$$

$$= \frac{\rho}{1+\rho} \sum_{n=0}^{\infty} \frac{1}{(1+\rho)^n} G_2^{n*}(u) \tag{3.3.16}$$

将式(3.3.15)、式(3.3.16)和式(3.3.5)、式(3.3.6)比较后我们不难看出本节第一部分结论2的证明方法这里仍然适用，由于篇幅关系这里就不再详细证明了.

结论2证毕.

　　经过上面两种情况的讨论我们可以看出：当 $N(t)$ 和 $N_R(t)$ 为齐次 Poisson 点过程时，用 $R(t)$ 表示保险公司到时刻 t 为止收到的索赔次数而建立的风险模型(3.2.1)与古典模型(3.1.1)有着明显的差异，即其调节系数 R_2 要比相应的古典模型的调节系数 R_1 小. 换句话说，也就是模型(3.2.1)的最终破产概率的上界要比模型(3.1.1)的大. 此外我们还进一步得出了模型(3.2.1)的最终破产概率大于模型(3.1.1)的结论. 当 $N(t)$ 和 $N_R(t)$ 同为 Cox 点过程时，我们对模型(3.3.11)和模型(3.3.12)进行了比较，结果得出了与前面相同的结论，即在单位时间内索赔次数相同和单个索赔分布相同的前提下，模型(3.3.11)无论是破产概率的上界还是破产概率本身都要比模型(3.3.12)的大. 因此我们在建成模型时，如果忽略了区分是否用多发点过程的问题，就会最终影响到我们对保险公司破产概率的估计.

§3.4　新模型的负盈余持续时间分布

　　为了进一步验证模型(3.1.3)与模型(3.1.1)的差别，我们将计算 $N_R(t)$

为具有参数 λ_R 的齐次 Poisson 过程时模型(3.2.1)的负盈余持续时间分布, 并与模型(3.1.1)的相应结果进行比较. 在进行具体计算之前, 先来看一下有关古典风险模型的负盈余持续时间分布的一些已知结论(见参考文献[7]).

令 $\psi_1(u) == P[T_1 < \infty \mid U_1(0) = u]$ 为模型(3.1.1)的初值为 u 时的最终破产概率, T_1 为破产时间, 则 $\phi_1(u) = 1 - \psi_1(u)$ 为生存概率, 令

$$G_1(u, y) = P[T_1 < \infty, U_1(T_1) > -y \mid U_1(0) = u]$$

表示公司从初始资产 u 破产且破产时公司的亏空 Y_1 小于 y 的概率; 记 $H_1(u, y) = \dfrac{G_1(u, y)}{\psi_1(u)}$, 表示在破产条件下 Y_1 的分布函数; $\tilde{T}_{1i}$, $i = 1, 2, \cdots, N_1$ 为公司第 i 次达到负盈余的持续时间, 其中 N_1 为公司发生负盈余的总次数, 由不破产原则知 $N_1 < \infty$; $TT_1 = \tilde{T}_{11} + \tilde{T}_{12} + \cdots + \tilde{T}_{1N_1}$ 为公司负盈余持续的总时间.

于是有

$$E[\tilde{T}_{11} \mid u] = \frac{E[Y_1 \mid u]}{c\phi_1(0)}$$

$$E[\tilde{T}_{11}^2 \mid u] = \frac{\lambda EZ_1^2 \cdot E[Y_1 \mid u]}{(c\phi_1(0))^3} + \frac{E[Y_1^2 \mid u]}{(c\phi_1(0))^2}$$

$$E[TT_1 \mid u = 0] = \frac{\lambda EZ_1^2}{2(c\phi_1(0))^2}$$

$$E[TT_1^2 \mid u = 0] = \frac{\psi_1(0)}{c^2\phi_1^3(0)}\left(\frac{\psi_1(0)(EZ_1^2)^2}{\phi_1(0)E^2Z_1} + \frac{EZ_1^3}{3EZ_1}\right)$$

$$E[N_1 \mid u] = \frac{\psi_1(u)}{\phi_1(0)}, \quad V[N_1 \mid u] = \frac{\psi_1(u)(\phi_1(u) + \psi_1(0))}{\phi_1^2(0)}$$

$$E[TT_1 \mid u] = \psi_1(u)(E[\tilde{T}_{11} \mid u] + E[TT_1 \mid u = 0])$$

$$E[TT_1^2 \mid u] = \psi_1(u)(E[\tilde{T}_{11}^2 \mid u] + 2E[\tilde{T}_{11}^2 \mid u] \cdot E[TT_1 \mid u = 0] + E[TT_1^2 \mid u = 0])$$

根据上面的已知结果, 我们考虑如下问题:

例: 若个体索赔额 Z_i 服从参数为 $\beta > 0$ 的指数分布, 即 $p_Z(z) = \beta e^{-\beta z}$;

$N_R(t)$ 是具有参数 λ_R 的齐次 Poisson 过程；$R(t)$ 的点的重数 M_i 服从两点分布

$$\begin{pmatrix} 1 & 2 \\ p & q \end{pmatrix}, \quad p + q = 1; \quad \text{且设} \rho = \frac{c - \lambda_R(p + 2q)/\beta}{\lambda_R(p + 2q)/\beta} > 0.$$

对模型(3.2.1)我们定义相应的符号如下：

$\psi(u) = P[T < \infty \mid U_3(0) = u]$ 为初值为 u 的最终破产概率，其中 T 为破产时间；

$\phi(u) = 1 - \psi(u)$ 为生存概率；

$G(u, y) = P[T < \infty, U_3(T) > -y \mid U_3(0) = u]$；

$H(u, y) = \dfrac{G(u, y)}{\psi(u)}$，表示在破产条件下破产时公司的亏空 Y 的分布函数；

$\tilde{T}_i$，$i = 1, 2, \cdots, N$ 为公司第 i 次达到负盈余的持续时间.

N 为公司发生负盈余的总次数，则由不破产原则知 $N < \infty$；

$TT = \tilde{T}_1 + \tilde{T}_2 + \cdots + \tilde{T}_N$ 为公司负盈余持续的总时间.

由上面的已知条件知 X_i 的分布密度函数为 $p_X(x) = (p + q\beta x)\beta e^{-\beta x}$，且其三阶矩阵分别为 $p_1 = \dfrac{p}{\beta} + \dfrac{2q}{\beta}$，$p_2 = \dfrac{2p}{\beta^2} + \dfrac{6q}{\beta^2}$，$p_3 = \dfrac{6p}{\beta^3} + \dfrac{24q}{\beta^3}$. 下面我们先计算 $\psi(u)$ 和 $G(u, y)$.

由参考文献[6]中的定理(1.3)可得

$$\phi'(u) = \frac{\lambda}{c}\phi(u) - \frac{\lambda}{c}\int_0^u \phi(u - z)p_X(z)\,dz \qquad (3.4.1)$$

将上面的 $p_X(x)$ 代入式(3.4.1)得

$$\begin{aligned} \phi'(u) &= \frac{\lambda}{c}\phi(u) - \frac{\lambda}{c}\int_0^u \phi(u - z)(p + q\beta z)\beta e^{-\beta z}\,dz \\ &= \frac{\lambda}{c}\phi(u) - \frac{\lambda}{c}\int_0^u \phi(z)(p + q\beta(u - z))\beta e^{-\beta(u - z)}\,dz \end{aligned} \qquad (3.4.2)$$

将式(3.4.2)两边对 u 求导，得

$$\phi''(u) = \left(\frac{\lambda}{c} - \beta\right)\phi'(u) + \frac{\lambda}{c}q\beta\phi(u) - \frac{\lambda}{c}q\beta^2\int_0^u \phi(z)e^{-\beta(u - z)}\,dz \qquad (3.4.3)$$

将式(3.4.3)两边再对 u 求导，得

$$\phi'''(u) = \left(\frac{\lambda}{c} - 2\beta\right)\phi''(u) + \left(\frac{1+q}{c}\lambda\beta - \beta^2\right)\phi'(u) \qquad (3.4.4)$$

这个三阶线性常微分方程具有边界条件 $\phi(\infty) = 1$ 和 $\phi(0) = 1 - \dfrac{1}{1+\rho}$，解之得

$$\phi(u) = c_1 e^{r_1 u} + c_2 e^{r_2 u} + c_3 \qquad (3.4.5)$$

其中 c_1，c_2，c_3 为任意常数，$r_k = \dfrac{\dfrac{\lambda}{c} - 2\beta \pm \sqrt{\dfrac{\lambda^2}{c^2} + \dfrac{4\lambda}{c}q\beta}}{2}$，$k = 1, 2$. 由 $\rho > 0$ 知

$r_k < 0$，$k = 1, 2$.

由上述边界条件知

$$c_3 = 1, \quad c_1 + c_2 = -\frac{1}{1+\rho}. \qquad (3.4.6)$$

将 $\phi(u) = c_1 e^{r_1 u} + c_2 e^{r_2 u} + 1$ 和 $\phi'(u) = c_1 r_1 e^{r_1 u} + c_2 r_2 e^{r_2 u}$ 代入式(3.4.1)，得

$$c_1\left(r_1 - \frac{\lambda}{c}\right)e^{r_1 u} + c_2\left(r_2 - \frac{\lambda}{c}\right)e^{r_2 u}$$

$$= \frac{\lambda}{c} - \frac{\lambda}{c}\int_0^u (c_1 e^{r_1(u-z)} + c_2 e^{r_2(u-z)} + 1)(p + q\beta z)\beta e^{-\beta z}\,dz$$

展开并化简后，得

$$c_1\left(r_1 - \frac{\lambda}{c}\right)e^{r_1 u} + c_2\left(r_2 - \frac{\lambda}{c}\right)e^{r_2 u}$$

$$= \frac{\lambda}{c} - \frac{\lambda}{c}\beta\left(\frac{1}{\beta} - \frac{1+q\beta u}{\beta}e^{-\beta u}\right)$$

$$- \frac{\lambda}{c}c_1\beta\left(\frac{(r_1+\beta)p + q\beta}{(r_1+\beta)^2}e^{r_1 u} - \frac{(r_1+\beta)(p+q\beta u) + q\beta}{(r_1+\beta)^2}e^{-\beta u}\right)$$

$$- \frac{\lambda}{c}c_2\beta\left(\frac{(r_2+\beta)p + q\beta}{(r_2+\beta)^2}e^{r_2 u} - \frac{(r_2+\beta)(p+q\beta u) + q\beta}{(r_2+\beta)^2}e^{-\beta u}\right)$$

$$\qquad (3.4.7)$$

比较式(3.4.7)两边 $u e^{-\beta u}$ 的系数后，有

$$1 + \frac{c_1\beta}{r_1+\beta} + \frac{c_2\beta}{r_2+\beta} = 0 \qquad (3.4.8)$$

再比较式(3.4.7)两边 $e^{-\beta u}$ 的系数后有

$$1 + c_1\beta \frac{(r_1 + \beta)p + q\beta}{(r_1 + \beta)^2} + c_2\beta \frac{(r_2 + \beta)p + q\beta}{(r_2 + \beta)^2} = 0 \qquad (3.4.9)$$

由式(3.4.8)和式(3.4.9)解得:

$$\begin{cases} c_1 = \dfrac{r_2(r_1 + \beta)^2}{(r_1 - r_2)\beta^2} \\[3mm] c_2 = \dfrac{r_1(r_2 + \beta)^2}{(r_2 - r_1)\beta^2} \end{cases}$$

经检验可知这里的 c_1，c_2 也满足式(3.4.6)，于是我们得到了破产概率 $\psi(u)$

的具体表达式 $\psi(u) = \dfrac{r_2(r_1 + \beta)^2}{(r_2 - r_1)\beta^2}e^{r_1 u} + \dfrac{r_1(r_2 + \beta)^2}{(r_1 - r_2)\beta^2}e^{r_2 u}$.

其中 $r_k = \dfrac{\dfrac{\lambda}{c} - 2\beta \pm \sqrt{\dfrac{\lambda^2}{c^2} + \dfrac{4\lambda}{c}q\beta}}{2}$，$k = 1,\ 2$.

下面我们计算 $G(u, y)$，令 $G(u) = G(u, y)$. 由于 $G(u)$ 满足:

$$G'(u) = \frac{\lambda}{c}G(u) - \frac{\lambda}{c}\int_0^u G(u - z)p_X(z)\,\mathrm{d}z - \frac{\lambda}{c}\int_u^{u+y} p_X(z)\,\mathrm{d}z$$

$$(3.4.10)$$

即

$$G'(u) = \frac{\lambda}{c}G(u) - \frac{\lambda}{c}\int_0^u G(z)(p + q\beta(u - z))\beta e^{-\beta(u-z)}\,\mathrm{d}z$$

$$(3.4.11)$$

$$+ \frac{\lambda}{c}[(1 + q\beta(u + y))e^{-\beta(u+y)} - (1 + q\beta u)e^{-\beta u}]$$

将式(3.4.11)两边对 u 求导，得

$$G''(u) = \left(\frac{\lambda}{c} - \beta\right)G'(u) + \frac{\lambda}{c}q\beta G(u) - \frac{\lambda}{c}\int_0^u G(z)q\beta^2 e^{-\beta(u-z)}\,\mathrm{d}z$$

$$- \frac{\lambda}{c}q\beta e^{-\beta u}(1 - e^{-\beta y}) \qquad (3.4.12)$$

再将式(3.4.12)两边对 u 求导，得

$$G'''(u) = \left(\frac{\lambda}{c} - 2\beta\right)G''(u) + \left(\frac{1+q}{c}\lambda\beta - \beta^2\right)G'(u) \qquad (3.4.13)$$

将式(3.4.13)与式(3.4.4)比较后知方程(3.4.13)的解为

$$G(u) = C_1 e^{r_1 u} + C_2 e^{r_2 u} + C_3 \qquad (3.4.14)$$

其中 r_k，$k = 1$，2时即为前面的 r_k；C_1，C_2，C_3 为任意常数. 由于式(3.4.13)具有边界条件 $G(+\infty) = 0$，故有 $C_3 = 0$，所以

$$G(u) = C_1 e^{r_1 u} + C_2 e^{r_2 u} \qquad (3.4.15)$$

将式(3.4.15)和 $G(u) = C_1 r_1 e^{r_1 u} + C_2 r_2 e^{r_2 u}$ 代入式(3.4.10)后有

$$C_1 r_1 e^{r_1 u} + C_2 r_2 e^{r_2 u} - \frac{\lambda}{c}(C_1 e^{r_1 u} + C_2 e^{r_2 u})$$

$$= -\frac{\lambda}{c}\int_0^u (C_1 e^{r_1(u-z)} + C_2 e^{r_2(u-z)})(p + q\beta z)\beta e^{-\beta z}dz$$

$$+ \frac{\lambda}{c}[(1 + q\beta(u+y))e^{-\beta(u+y)} - (1 + q\beta u)e^{-\beta u}] \qquad (3.4.16)$$

展开并化简后，得

$$C_1\left(r_1 - \frac{\lambda}{c}\right)e^{r_1 u} + C_2\left(r_2 - \frac{\lambda}{c}\right)e^{r_2 u}$$

$$= \frac{\lambda}{c}C_1\beta\left[\frac{(r_1 + \beta)(p + q\beta u) + q\beta}{(r_1 + \beta)^2}e^{-\beta u} - \frac{p(r_1 + \beta) + q\beta}{(r_1 + \beta)^2}e^{r_1 u}\right]$$

$$+ \frac{\lambda}{c}C_2\beta\left[\frac{(r_2 + \beta)(p + q\beta u) + q\beta}{(r_2 + \beta)^2}e^{-\beta u} - \frac{p(r_2 + \beta) + q\beta}{(r_2 + \beta)^2}e^{r_2 u}\right]$$

$$+ \frac{\lambda}{c}[(1 + q\beta(u+y))e^{-\beta(u+y)} - (1 + q\beta u)e^{-\beta u}] \qquad (3.4.17)$$

分别比式(3.4.17)中 $e^{-\beta u}$ 和 $ue^{-\beta u}$ 的系数有

$$C_1\beta\frac{pr_1 + \beta}{(r_1 + \beta)^2} + C_2\beta\frac{pr_2 + p}{(r_2 + \beta)^2} = 1 - (1 + q\beta y)e^{-\beta y} \qquad (3.4.18)$$

$$\frac{\beta}{r_1 + \beta}C_1 + \frac{\beta}{r_2 + \beta}C_2 = 1 - e^{-\beta y} \qquad (3.4.19)$$

解方程(3.4.18)和(3.4.19)可得：

$$C_1 = \frac{(r_1 + \beta)^2[r_2 - (r_2(1 + \beta y) + \beta^2 y)e^{-\beta y}]}{(r_2 - r_1)\beta^2}$$

$$C_2 = \frac{(r_2 + \beta)^2 [r_1 - (r_1(1 + \beta y) + \beta^2 y) e^{-\beta y}]}{(r_1 - r_2)\beta^2}$$

故 $G(u, y)$ 的具体表达式也已求出.

下面令 $p = q = 0.5$，$\beta = 1$，$\lambda = \dfrac{2}{3}$，$\rho = 0.1$，则 $c = 1.1$，$p_1 = 1.5$，$p_2 = 4$，$p_3 = 15$. 由前面的结果可得：

$$r_1 = -0.0685927, \; r_2 = -1.32535;$$

$$c_1 = -0.914868, \; c_2 = 0.00577724;$$

$$C_1 = 0.914869 - (0.914869 + 0.224582y)e^{-y};$$

$$C_2 = -0.00577724 + (0.00577724 - 0.0784481y)e^{-y}.$$

即

$$\psi(u) = 0.914868 e^{-0.0685927u} - 0.00577724 e^{-1.32535u}$$

$$G(u, y) = C_1 e^{-0.0685927u} + C_2 e^{-1.32535u}$$

于是，有

$$E[Y \mid u] = \frac{1}{\psi(u)}(1.13945 e^{-0.0685927u} + 0.0726709 e^{-1.32535u})$$

$$E[Y^2 \mid u] = \frac{1}{\psi(u)}(2.72807 e^{-0.0685927u} + 0.302238 e^{-1.32535u})$$

$$E[\tilde{T}_1 \mid u] = \frac{1}{\psi(u)}(11.3945 e^{-0.0685927u} + 0.726709 e^{-1.32535u})$$

$$E[\tilde{T}_1^2 \mid u] = \frac{1}{\psi(u)}(3311.34 e^{-0.0685927u} + 244.017 e^{-1.32535u})$$

$$E[N \mid u] = 10.0636 e^{-0.0685927u} + 0.0635506 e^{-1.32535u}$$

$$V[N \mid u] = 121\psi(u)(1.90909 - \psi(u))$$

$$E[TT \mid u] = 133.377 e^{-0.685927u} - 0.0435877 e^{-1.32535u}$$

$$E[TT^2 \mid u] = 74456.7 e^{-0.0685927u} 12.2769 e^{-1.32535u}$$

表 3.1 给出了当 u 取不同值时的具体结果，其中分别考虑了 ρ 取 0.1 和 0.2 时两种情况.

表 3.1 u 取不同值时的具体结果

	$\rho=0.1$					$\rho=0.2$			
u	$E[N\|u]$	$V[N\|u]$	$E[TT\|u]$	$V[TT\|u]$	u	$E[N\|u]$	$V[N\|u]$	$E[TT\|u]$	$V[TT\|u]$
0	10.000	110.000	133.333	56666.6	0	5.0000	30.000	33.333	3750.0
1	9.387	108.944	124.523	54011.4	1	4.446	29.138	29.379	3421.2
2	8.771	107.254	116.276	51391.0	2	3.928	27.779	25.913	3105.5
3	8.191	104.917	108.570	48821.1	3	3.464	26.106	22.837	2806.9
4	7.649	102.119	101.373	46314.3	4	3.053	24.265	20.125	2528.1
5	7.142	98.971	94.653	43880.1	5	2.691	22.360	17.734	2270.2
6	6.668	95.568	88.378	41525.7	6	2.371	20.462	15.628	2033.4
7	6.226	91.985	82.519	39256.3	7	2.090	18.620	13.771	1817.5
8	5.814	88.286	77.049	37075.4	8	1.841	16.865	12.135	1621.4
9	5.428	84.526	71.941	34985.0	9	1.623	15.217	10.694	1444.2
10	5.068	80.746	67.172	32986.1	10	1.430	13.685	9.424	1284.6
15	3.597	62.595	47.669	24338.7	15	0.760	7.781	5.007	704.7
20	2.552	47.087	33.829	17740.5	20	0.404	4.278	2.661	380.7
25	1.811	34.758	24.007	12825.6	25	0.251	2.314	1.414	204.1
30	1.286	25.343	17.037	9220.6	30	0.114	1.241	0.751	108.9
40	0.647	13.176	8.580	4716.3	40	0.032	0.353	0.212	30.9
50	0.326	6.741	4.321	2393.6	50	0.009	0.100	0.060	8.7

    与表 3.2（详见参考文献［32］）相比较，我们可以看出，模型 (3.1.3)（即 (3.2.1)）与模型 (3.1.1) 在单位时间内索赔次数相同的条件下相比较，$E[N\|u]$，$V[N\|u]$，$E[TT\|u]$，$V[TT\|u]$ 4 个指标的值都明显地增大了（除 $E[N\|0]$，$V[N\|0]$），也就是说，用多发点过程构造的风险模型无论是从平均总破产次数，还是平均总破产时间的角度来看，都要比相应的古典风险模型的大，且总破产次数和总破产次数和总破产时间的波动也变大了．这就从另一个角度说明了本书第 4 章中对两模型进行比较而得出的结论．

表 3. 2

	$\rho = 0.1$					$\rho = 0.2$			
u	$E[N\|u]$	$V[N\|u]$	$E[TT\|u]$	$V[TT\|u]$	u	$E[N\|u]$	$V[N\|u]$	$E[TT\|u]$	$V[TT\|u]$
0	10. 000	110. 000	100. 000	32000	0	5. 0000	30. 000	25. 000	2125. 00
1	9. 131	108. 376	91. 310	30013	1	4. 232	28. 643	21. 162	1879. 00
2	8. 337	105. 574	83. 375	28066	2	3. 583	26. 574	17. 913	1649. 58
3	7. 613	101. 915	73. 130	26178	3	3. 033	24. 162	15. 163	1438. 03
4	6. 951	97. 658	69. 514	24364	4	2. 567	21. 648	12. 835	1247. 15
5	6. 347	93. 006	63. 474	22630	5	2. 173	19. 181	10. 865	1077. 10
6	5. 796	88. 120	57. 958	20983	6	1. 839	16. 850	9. 197	927. 08
7	5. 292	83. 128	52. 921	19426	7	1. 557	14. 703	7. 785	795. 75
8	4. 832	78. 127	48. 322	17960	8	1. 318	12. 761	6. 590	681. 47
9	4. 412	73. 190	44. 123	16585	9	1. 116	11. 028	5. 578	582. 49
10	4. 029	68. 375	40. 289	15298	10	0. 944	9. 496	4. 722	497. 11
15	2. 557	47. 163	25. 573	10087	15	0. 410	4. 346	2. 052	211. 52
20	1. 623	31. 453	16. 232	6554	20	0. 178	1. 930	0. 892	97. 31
25	1. 030	20. 575	10. 330	4221	25	0. 077	0. 847	0. 388	42. 49
30	0. 654	13. 306	6. 540	2704	30	0. 034	0. 369	0. 168	18. 50
40	0. 263	5. 464	2. 635	1100	40	0. 006	0. 070	0. 032	3. 50
50	0. 106	2. 218	1. 061	445	50	0. 001	0. 013	0. 006	0. 66

第 4 章　几种模型的 Gerber-Shiu 函数

§4.1　Gerber-Shiu 函数概述

4.1.1　Gerber-Shiu 平均折现函数

Gerber 和 Shiu（1997、1998）[1,2]在经典风险模型中引入了变量：破产时赤字 $|R(T)|$ 和破产前即时盈余 $R(T-)$.

设 $f(x, y, t \mid u)$ 为 $R(T-)$、$|R(T)|$ 和破产时间 T 的联合概率密度函数，则

$$\int_0^\infty \int_0^\infty \int_0^\infty f(x, y, t \mid u) \mathrm{d}x\mathrm{d}y\mathrm{d}t = P(T < \infty \mid R(0) = u) \qquad (4.1.1)$$

由安全负符系数假定，有 $\Psi(u) < 1$，所以 $f(x, y, t \mid u)$ 是一个缺陷概率密度函数，当 $x > u + ct$ 时，有 $f(x, y, t \mid u) = 0$，且

$$f(x, y, t \mid u) \mathrm{d}x\mathrm{d}y\mathrm{d}t = \lambda \mathrm{e}^{-\lambda t} p(u + ct + y) \mathrm{d}y\mathrm{d}t$$

其中，$p(x) = P'(x)$ 为索赔量的概率密度函数.

当 $\delta \geqslant 0$，定义

$$f(x, y \mid u) = \int_0^\infty \mathrm{e}^{-\delta t} f(x, y, t \mid u) \mathrm{d}t \qquad (4.1.2)$$

如果 $\delta > 0$，有 $\mathrm{e}^{-\delta t} = \mathrm{e}^{-\delta t} I(T < \infty)$，$I(A)$ 表示集 A 的示性函数，若 A 发生，则 $I(A) = 1$，否则等于 0.

设 $\omega(x, y)$，$x \geqslant 0$，$y \geqslant 0$ 为一非负函数，下面我们引入 Gerber-Shiu 平均折现罚金函数 $m(u)$，

$$m(u) = E[e^{-\delta t}\omega(R(T-), |R(T)|)I(T < \infty) | R(0) = u]$$

$$= \int_0^\infty \int_0^\infty \int_0^\infty \omega(x, y)e^{-\delta t}f(x, y, t | u)\mathrm{d}t\mathrm{d}x\mathrm{d}y$$

$$= \int_0^\infty \int_0^\infty \omega(x, y)f(x, y, t | u)\mathrm{d}x\mathrm{d}y \qquad (4.1.3)$$

显然, 当 $\delta = 0$, $\omega(x, y) \equiv 1$ 时, $m(u) = E[I(T < \infty) | R(0) = u] = \psi(u)$.

Gerber 和 Shiu (1998)[1,2] 得到了由式 (4.1.3) 定义的平均折现罚金函数在经典风险模型中所满足的积分-微分方程:

$$m(u) = \frac{\lambda}{c}\left(\int_0^u m(x)\right)\left(\int_{u-x}^\infty e^{\rho(u-x-y)}p(y)\mathrm{d}y\mathrm{d}x + \int_u^\infty e^{\rho(u-x)}\zeta(x)\mathrm{d}x\right)$$

$$(4.1.4)$$

其中, $\zeta(u) = \int_u^\infty \omega(u, x-u)p(x)\mathrm{d}x$, ρ 为 Lundberg 方程

$$\delta + \lambda - cs = \lambda\tilde{p}(s)$$

的唯一非负根, $\tilde{p}(s) = \int_0^\infty e^{-sx}p(x)\mathrm{d}x$ 表示 $p(x)$ 的拉普拉斯变换.

设 f_1, f_2 为定义在 $[0, +\infty)$ 上的两个可积函数, f_1, f_2 的卷积为

$$(f_1 * f_2)(x) = (f_2 * f_1)(x) = \int_0^x f_1(y)f_2(x-y)\mathrm{d}y, \quad x \geq 0 \qquad (4.1.5)$$

设 $g(x) = \frac{\lambda}{c}\int_x^\infty e^{-\rho(y-x)}p(y)\mathrm{d}y$, $x \geq 0$ 和 $h(x) = \frac{\lambda}{c}\int_x^\infty e^{-\rho(y-x)}\zeta(u)\mathrm{d}u$, $x \geq 0$, 则式 (4.1.4) 可以重写为

$$m(u) = (m * g)(u) + h(u) \qquad (4.1.6)$$

在积分方程理论中, 式 (4.1.6) 属于第二类的 Volterra 方程; 在概率论中, 式 (4.1.6) 的解可以表示为

$$m = h + g * h + g * g * h + g * g * g * h + \cdots \qquad (4.1.7)$$

同时, 若存在 $R > 0$, 使得 $1 = \tilde{g}(-R) = \int_0^\infty e^{-Rx}g(x)\mathrm{d}x$, 则由关键更新定理, 有

$$m(u) \sim \frac{\tilde{h}(-R)}{-\tilde{g}'(-R)}e^{-Ru}, \quad u \to \infty$$

57

若 $\omega(x, y) \equiv 1$，$\delta = 0$，则 $m(u) = \psi(u)$，所以上式变为：

$$\psi(u) \sim \frac{c - \lambda\mu}{-\lambda\tilde{p}'(-R) - c}e^{-Ru}, \quad u \to \infty$$

即得到了 Cramer–Lundberg 近似.

设 $P_e(y) = \int_0^y \overline{P}(x)\,dx/\mu$，$\overline{P}(x) = 1 - P(x)$，$dG(x) = G'(x)\,dx$，定义

$$\beta = \frac{1 + \theta}{\int_0^\infty e^{-\rho y}\,dP_e(y)} - 1 \tag{4.1.8}$$

$$G'(x) = \frac{e^{\rho x}\int_x^\infty e^{-\rho y}\,dP(y)}{\int_0^\infty e^{-\rho y}\overline{P}(y)\,dy}, \quad x \geq 0 \tag{4.1.9}$$

和

$$H'(u) = \frac{\int_u^\infty e^{\rho(u-x)}\zeta(x)\,dx}{\int_0^\infty e^{-\rho y}\overline{P}(y)\,dy}, \quad u \geq 0 \tag{4.1.10}$$

则式 (4.1.3) 又可以重写为

$$m(u) = \frac{1}{1+\beta}\int_0^u m(u - x)\,dG(x) + \frac{1}{1+\beta}H(u), \quad u \geq 0 \tag{4.1.11}$$

Liu 和 Willmot (1999)[3] 对方程 (4.1.11) 进行了讨论，若设 $K(u) = 1 - \overline{K}(u)$，定义

$$\overline{K}(u) = \sum_{n=1}^\infty \frac{\beta}{1+\beta}\left(\frac{1}{1+\beta}\right)^n \overline{G^{*n}}(u), \quad u \geq 0 \tag{4.1.12}$$

$\overline{G^{*n}}(u)$ 表示 $G(u)$ 的 n 重卷积尾. 当 $\delta = 0$，则 $\rho = 0$，此时 $\rho = \theta$，$\overline{K}(u) = 1 - \psi(u)$. 由参考文献 [29] 的定理 2.1（详见下文注释内容），式 (4.1.11) 的解可以表示为

$$m(u) = \frac{1}{\beta}\int_0^u H(u - x)K(dx) + \frac{1}{1+\beta}H(u) \tag{4.1.13}$$

或

$$m(u) = \frac{1}{\beta}\int_0^u \overline{K}(u - x)H(dx) - \frac{H(0)}{\beta}K(u) + \frac{1}{\beta}H(u) \tag{4.1.14}$$

注：定义[29]：有限值计数过程 $\{N_t, \ t \geqslant 0\}$ 称为广义齐次 Poisson 过程，若它满足以下三个条件：(1) $P(N_0 = 0) = 1$；(2) 有平稳增量；(3) 有独立增量.

广义齐次 Poisson 过程还有一个刻画：若 $\{N_t, \ t \geqslant 0\}$ 是一个齐次 Poisson 过程，则对任意 $s > 0$，N_t 的概率母函数 $G_t(s)$ 必有如下形式：

$$G_t(s) = \mathrm{e}^{\lambda t [G(s) - 1]}$$

这里的 $\lambda \geqslant 0$ 是某一常数，

$$G(s) = \sum_{k=1}^{\infty} p_k s^k$$

是某一正整数 $r.v \ X \sim \begin{pmatrix} 1 & 2 & 3 & \cdots \\ p_1 & p_2 & p_3 & \cdots \end{pmatrix}$ 的概率矩母函数，其中 p_k 给出过程在任一个跳发生时刻有 k 个点同时出现的概率. 由此可知：广义齐次 Poisson 过程是这样的点过程，它的点发生时刻形成了一个强度为 λ 的齐次 Poisson 过程，而在各个点发生时刻的点数是有相同的分布 $\{p_k, \ k \geqslant 1\}$ 的独立随机变量. 事实上，我们可以给有广义齐次 Poisson 过程的双一刻画：

定理 2.1　对于如上给定的 λ 和 p_k 的广义齐次 Poisson 过程 $\{N_t, \ t \geqslant 0\}$ 为一复合 Poisson 过程，且 $N_t = \sum_{i=1}^{m(t)} X_i$，其中

(1) X_i 为 $(1, 2, 3, \cdots\cdots)$ 上的离散随机变量，且 $P(X_i = k) = p_k$；

(2) $m(t)$ 为强度为 λ 的齐次 Poisson 过程.

证明：由于 $P(m(0) = 0) = 1$

所以 $P(N_0 = \sum_{i=1}^{m(0)} X_i = 0) = 1$ 满足 $P(N_0 = 0) = 1$.

又由于复合 Poisson 过程的平稳独立增量可知又满足有平稳增量、有独立增量.

所以 $\{N_t, \ t \geqslant 0\}$ 是广义齐次 Poisson 过程

以因为对 $\forall t, \ s > 0$

$$G_t(s) = E(s^{N_t}) = E(s^{\sum_{i=1}^{m(t)} X_i}) = E(E(s^{\sum_{i=1}^{m(t)} X_i} \mid m(t)))$$

$$= \sum_{n=1}^{\infty} \frac{E^n(s^{X_n}) \ (\lambda t)^n}{n!} \mathrm{e}^{-\lambda t}$$

因为 $E(s^{X_i}) = \sum\limits_{k=1}^{\infty} p_k s^k = G(s)$，所以

$$G_t(s) = \sum_{n=1}^{\infty} \frac{E^n(s^{X_n})(\lambda t)^n}{n!} e^{-\lambda t} = e^{\lambda t(G(s)-1)}$$

由于概率矩母函数是唯一的，定理得证.

在 Geber 和 Shiu 的基础上，Dickson 和 Hipp 考虑了索赔到达时间间距为 Erlang（2）风险过程时的情形，设 T_i 表示第 $i-1$ 次与第 i 次索赔的时间间距，且 $\{T_i\}_{i=1}^{n}$ 独立同分布的随机变量列，具有共同的密度函数

$$k(t) = \lambda^2 t e^{-\lambda t}, \quad t \geqslant 0$$

则 $m(u)$ 满足的方程为

$$c^2 \frac{\mathrm{d}^2}{\mathrm{d}u^2} m(u) - 2(\lambda + \delta) c \frac{\mathrm{d}}{\mathrm{d}u} m(u) + (\lambda + \delta)^2 m(u)$$

$$= \lambda^2 \int_0^u m(u-x) p(x) \mathrm{d}x + \lambda^2 \overline{P}(u).$$

Willmot 和 Dickson（2003）[5] 考虑了平稳更新风险模型，建立了该模型中的 Gerber-Shiu 函数与普通更新模型中的相应函数间的关系式，即有 $m_e(u)$，$m(u)$ 分别表示平稳模型和普通模型下的 Gerber-Shiu 函数，则

$$m_e(u) = \frac{1}{1+\theta} \int_0^u m(u-t) \mathrm{d}P_e(t) + e^{\frac{\delta}{c}u} \int_u^{\infty} e^{-\frac{\delta}{c}u} \left(\tau(t) - \frac{\delta}{c(1+\theta)} \int_0^t m(t-y) \mathrm{d}P_e(y) \right) \mathrm{d}t$$

其中，

$$\tau(t) = \frac{1}{(1+\theta)\mu} \int_t^{\infty} \omega(t, y-t) \mathrm{d}P(y)$$

Pavlova 和 Willmot（2004）[6] 又考虑了离散情形.

Gerber 和 Shiu（2005）[7] 将索赔到达过程推广到了广义 Erlang（n）风险过程，即如果 λ_1，λ_2，$\cdots$，λ_n 互不相等时，有

$$k(t) = \sum_{i=1}^{n} \left(\prod_{j=1, j \neq i}^{n} \frac{\lambda_j}{\lambda_j - \lambda_i} \right) \lambda_i e^{-\lambda_i t}, \quad t \geqslant 0 \tag{4.1.15}$$

设 I，D 分别表示恒等算子和微分算子，Gerber 和 Shiu 得到了 $m(u)$ 满足下面的积分-微分方程

$$\prod_{j=1}^{n}\left[\left(1+\frac{\delta}{\lambda_j}\right)I-\frac{c}{\lambda_j}D\right]m(u)=\int_0^u m(u-x)p(x)\,\mathrm{d}x+\int_u^\infty \omega(u,\,x-u)p(x)\,\mathrm{d}x$$

$$(4.1.16)$$

后来，有作者将模型进一步推广，如 Li 和 Lu（2005）[8]研究了当索赔到达过程为两个独立的点过程时的风险模型，Ahn 和 Badescu（2007）[9]则对马氏到达过程时的折现函数进行了讨论.

Lin 等（2003）[10]考虑了带恒定红利界的经典风险模型，设 $b \geqslant u$ 为一个常数，当盈余达到水平 b 时，保险公司以红利率 c 持续收取，直到一个新的索赔发生. 设

$$m_b(u)=E\left[\mathrm{e}^{-\delta T_b}\omega(R(T_b-),\ |\ R(T_b)\ |)I(T_b<\infty)\ |\ R(0)=u\right]$$

$$(4.1.17)$$

T_b 表示带红利界时的最终破产时间. 参考文献［35］得到了方程

$$m_b(u)=-\frac{\lambda}{c}\int_0^u m_b(u-y)\,\mathrm{d}P(y)+\frac{\lambda+\delta}{c}m_b(u)-\frac{\lambda}{c}\zeta(u),\ 0\leqslant u\leqslant b$$

$$(4.1.18)$$

得到的方程的解可以表示为：

$$m_b(u)=m_\infty(u)-\frac{m_\infty(u)}{v'(b)}v(u),\qquad 0\leqslant u\leqslant b \qquad (4.1.19)$$

其中，$m_\infty(u)$ 表示无红利界时的折现函数，因已证明也满足式（4.1.18），因此可以作为方程的一个特解，$v(u)$ 为式（4.1.18）对应的齐次方程的一般解，由微分方程的一般理论，式（4.1.18）的解可以表示为式（4.1.19）.

在经典风险模型中，引入利率因素，如设定一个恒利率 $r \geqslant 0$，则到时刻 t 时的盈余可表示为

$$R(t)=\mathrm{e}^{rt}\left(u+c\int_0^t \mathrm{e}^{-rs}\,\mathrm{d}s-\sum_{k=1}^{N(t)}\mathrm{e}^{-rT_k}X_k\right) \qquad (4.1.20)$$

Yuen 等人[11]（2007）对模型（4.1.20）又引入了红利界，讨论了 Gerber-Shiu 函数.

对于带扩散干扰的风险模型，Gerber（1970）[12]首先考虑了模型：

$$R(t)=u+ct+\sigma W(t)-S(t)=u+ct+\sigma W(t)-\sum_{k=1}^{N(t)}X_k,\qquad t\geqslant 0$$

$$(4.1.21)$$

其中，$\sigma > 0$，$\{W(t): t \geqslant 0\}$ 是标准的布朗运动，独立于过程 $\{S(t): t \geqslant 0\}$.

4.1.2　Gerber-Shiu 折现罚金函数

Gerber（1970）[41] 在经典风险模型中引入了一个独立的扩散过程，使得经典风险模型变为：

$$R(t) = u + ct + \sigma W(t) - S(t) = u + ct + \sigma W(t) - \sum_{k=1}^{N(t)} X_k, \quad t \geqslant 0$$

其中各参数的意义如经典风险模型中所定义. $\sigma > 0$ 是一个参数，$\{W(t): t \geqslant 0\}$ 是一个标准的布朗运动，$\{W(t): t \geqslant 0\}$，$\{X_1, X_2 \cdots\}$ 和 $\{N(t): t \geqslant 0\}$ 是相互独立的. 定义破产时间 $T = \inf\{t: R(t) \leqslant 0\}$，这里包含了 $R(t) = 0$ 的情况，是由于 Wiener 过程的振动而引起的破产. Dufresne 和 Gerber（1991）定义了三种破产概率：

①由振动引起的破产：

$$\psi_d(u) = \Pr(T < \infty, R(T) = 0 \mid R(0) = u)$$

②由索赔而引起的破产：

$$\psi_s(u) = \Pr(T < \infty, R(T) = 0 \mid R(0) = u)$$

③最终破产概率：

$$\psi(u) = \psi_d(u) + \psi_s(u) = \Pr(T < \infty \mid R(0) = u)$$

并得到了相应的更新方程：

$$\psi_d(u) = \frac{1}{1 + \theta} \int_0^u \psi_d(u - x)\mathrm{d}(H * P_e)(x) + \overline{H}(u)$$

$$\psi_s(u) = \frac{1}{1 + \theta} \int_0^u \psi_s(u - x)\mathrm{d}(H * P_e)(x) + \frac{1}{1 + \theta}(\overline{H * P_e}(u)\overline{H}(u))$$

和

$$\psi(u) = 1 - \sum_{j=0}^{\infty} \left(\frac{\theta}{1 + \theta}\right)\left(\frac{1}{1 + \theta}\right)^j H^{*(j+1)} * P_e^{*j}(u), \quad u \geqslant 0$$

其中，$H(x) = 1 - \mathrm{e}^{-\frac{2c}{\sigma^2}x}$，$P_e(x) = \frac{1}{E(X)} \int_0^x \overline{P}(y)\mathrm{d}y$，$x \geqslant 0$，$\overline{H * P_e}(u)$ 表示 H，P_e 的卷积尾.

为了书写的方便, 下面记 $D = \dfrac{\sigma^2}{2}$.

Tsai 和 Willmot (2002)[13]研究了模型 (4.1.21) 的折现罚金函数, 定义

$$m_\omega(u) = E[\,\mathrm{e}^{-\delta T}\omega(R(T-),\ |R(T)|)I(T < \infty,\ R(T) < 0)\mid R(0) = u\,]$$

$$(4.1.22)$$

$$m_d(u) = E[\,\mathrm{e}^{-\delta T}I(T < \infty,\ R(T) = 0)\mid R(0) = u\,] \qquad (4.1.23)$$

和

$$m(u) = w_0 m_d(u) + m_\omega(u),\qquad u \geqslant 0 \qquad\qquad (4.1.24)$$

其中, w_0 是一个非负常数.

当 $D > 0$, 若

$$\lim_{n \to \infty}\mathrm{e}^{-\delta u}m_\omega(u) = 0,\quad \lim_{n \to \infty}\mathrm{e}^{-\rho u}m_\omega'(u) = 0,$$

这里 $\rho = \rho(\delta,\ D)$ 是方程

$$\lambda\int_0^\infty \mathrm{e}^{-\xi x}\mathrm{d}P(x) = \lambda + \delta - c\xi - D\xi^2$$

的唯一非负根, 且 $\rho(0,\ D) = 0$. 则式 (4.1.24) 的 $m(u)$ 满足:

$$m(u) = \frac{1}{1+\beta}\int_0^u m(u - y)\mathrm{d}G(y) + \frac{1}{1+\beta}B(u) \qquad (4.1.25)$$

其中, $B(u) = (1+\beta)[\,w_0\overline{H}(u) + g_\zeta(u)\,]$,

$$\frac{1}{1+\beta} = \frac{\lambda}{bD}\int_0^\infty \mathrm{e}^{-\rho y}\overline{P}(y)\mathrm{d}y;$$

$$b = c/D + \rho,\quad \overline{H}(u) = \mathrm{e}^{-bu},$$

$$g_\zeta(u) = \frac{\lambda}{D}\int_0^u \mathrm{e}^{-b(u-s)}\int_s^\infty \mathrm{e}^{-\rho(x-s)}\zeta(x)\mathrm{d}x\mathrm{d}s$$

$$\zeta(x) = \int_x^\infty \omega(x,\ y - x)\mathrm{d}P(y)$$

$$G(y) = \int_0^y H(y - x)\mathrm{d}\Gamma(x) = H * \Gamma(y)$$

$$\overline{\Gamma}(x) = 1 - \Gamma(x) = \frac{\displaystyle\int_x^\infty \mathrm{e}^{-\rho(t-x)}\overline{P}(t)\mathrm{d}t}{\displaystyle\int_0^\infty \mathrm{e}^{-\rho t}\overline{P}(t)\mathrm{d}t}$$

在式 (4.1.22) 中, 若 $\omega(x, y) = 1$, 则 $m_\omega(u)$ 变为

$$m_s(u) = E[e^{-\delta T} I(T < \infty, R(T) < 0) \mid R(0) = u] \qquad (4.1.26)$$

设 $\overline{K}(u) = \dfrac{1}{1+\beta} m_d(u) + m_s(u)$, Tsai (2003)[14] 得到了如下结果:

$$\overline{K}(u) = \frac{1}{1+\beta} \int_0^u \overline{K}(u-x) \mathrm{d}G(x) + \frac{1}{1+\beta} \overline{G}(u), \quad u \geq 0$$

$$\overline{K}(u) = \sum_{n=1}^\infty \frac{\beta}{1+\beta} \left(\frac{1}{1+\beta}\right)^n \overline{G^{*n}}(u), \quad u \geq 0$$

其中,
$$\overline{K}(u) = \frac{1}{1+\beta}$$

设 $m_t(u) = m_d(u) + m_s(u)$, 则有

$$m_t(u) = \overline{K*H}(u) = \sum_{n=1}^\infty \frac{\beta}{1+\beta} \left(\frac{1}{1+\beta}\right)^n \overline{G^{*n}*H}(u)$$

Sarkar 和 Sen (2005)[15] 用弱收敛的方法对 Tsai 和 Willmot (2002)[13] 的定理 2 的条件做了改变, 证明了当 $w_0 = \omega(0, 0)$, $\omega_e(x, y) = \omega(x, y) - w_0$, 若存在 $\alpha > 0$, $r > 1$, 使得当 $x \geq 0$, $y \geq 0$ 时, 有 $|\omega_e(x, y)| \leq \alpha(x+y)^r$ 成立, 则对 $D > 0$, 结论 (4.1.25) 成立.

§4.2　相依对偶模型的 Gerber-Shiu 函数

4.2.1　对偶风险模型

在精算数学中, 对经典的连续时间复合 Poisson 风险模型有大量的研究, 保险公司在 t 时刻的盈余为

$$U(t) = u + ct - S(t)$$

其中, u 表示初始盈余, c 表示单位时间内的保费率, $S(t)$ 是一个复合 Poisson 过程表示到时刻 t 的总索赔额.

近年来, 经典风险模型的对偶模型越来越受到重视. 有关对偶模型最早出现在 Cramer (1955), Seal (1967) 和 Takacs (1967) 中. 为了进行有效的投资, 投资者需要对各种风险进行定量的测算阐释, 因此带分红策略的风险模

型成为风险理论中备受关注的话题. 有关分红的文章可追溯至 1957 年 Finetti 所发表的文章. 近年分红策略在对偶模型中的应用较多, 如在 2007 年, Benjamin Avanzi、Hans U. Gerber 和 Elias S. w. Shiu, 他们研究了在对偶风险模型下的常数门槛分红策略, 导出红利折现期望值所满足的积分微分方程, 并且实例得到指数分布和混合指数分布时显示表达式, 且求得最优门槛. 在 2008 年时, Benjamin Avanzi 和 Hans U. Gerber 探究带有扰动的对偶模型, 讨论在常数门槛分红策略下的最优问题. Albrecher (2008) 介绍带税收的对偶风险模型, 推导出破产概率的显示表达式, Andrew 研究了对偶风险模型中的阈分红策略, 推导出分红折现期望值所满足的方程且计算得最优的边界水平的结论. Yuzhen Wen (2011) 讨论在阈分红策略下的带有扰动项的对偶风险模型, 推导出分红折现期望值所满足的微分、积分方程, 举例得到值函数的显示解, 李凤英 (2011) 对阈红利策略下带有扰动的对偶风险模型的最优红利进行了探究, 等等.

对偶风险模型的应用是相当普遍的, 可以看成是保险公司、石油公司、科研发明公司等需要持续投资且收益不固定的项目. 而对风险模型的研究策略有很多, 线性分红边界的风险模型最早是由 Gerber 在 1974 年提出来的, 他对经典的风险模型作了如下修正: 盈余在边界水平以下时不发放红利; 盈余在红利边界水平以上时便发放红利, 直到发生下次索赔, 如此运作的好处是, 可以及时地了解盈余状态, 从而评估出破产概率, 使公司能得到健康运作. 例如本书参考文献 [16] [17]. 对偶模型的基本形式为

$$U(t) = u - ct + S(t)$$

其中, u 表示初始资金, c 表示单位时间内支出的各项科研费用等, $S(t)$ 是一个复合 Poisson 过程, 表示到时刻 t 的总收益. 例如, 可以将剩余看作一个投入科研开发的公司的资产, 公司为科研项目支出各项费用, 而当科研有所进展得到成果时可产生一定收益, 可解释为知识产权收益、红利等其他各种盈利. 类似的例子有 Bayraktar 和 Egami 所做的研究[18], 他们将资本风险投资过程模型化. 另一个例子就是企业年金, 年金的领取看作一个连续的支出, 当发生当事人死亡时, 原来保留的年金得以释放, 可以看作是公司的一个突发盈利. 收

益过程 $S = \{S(t)，t \geqslant 0\}$ 可以表示为 $S(t) = \sum_{j=1}^{N(t)} X_j$. 营利次数过程 $N = \{N(t)，t \in \mathbf{R}^+\}$，产生营利时间间隔 $\{W_j，j \in \mathbf{N}^+\}$ 是一列独立的正随机变量，它服从期望为 $\dfrac{1}{\lambda}$ 的指数分布，概率密度函数 f_W 和分布函数 F_W，以及它的拉普拉斯变换 f_W^* 分别为：

$$f_W(t) = \lambda e^{-\lambda t} \tag{4.2.1}$$

$$F_W(t) = 1 - \lambda e^{-\lambda t} \tag{4.2.2}$$

$$f_W^*(s) = E[e^{-sW}] = \frac{\lambda}{\lambda + s} \tag{4.2.3}$$

表示第 j 次收益量的大小的 $\{X_j，j \in \mathbf{N}^+\}$ 是独立同分布的正随机变量，它的概率密度函数为 f_X，分布函数为 F_X，拉普拉斯变换为 f_X^*，在本书中，用 $*$ 代表拉普拉斯变换.

在风险理论中，经典的复合 Poisson 模型是建立在假设 X_j 和 W_j 相互独立的基础上的，本章假设 $\{(X_j，W_j)，j \in \mathbf{N}^+\}$ 构成一列独立同分布的随机向量，由 $(X，W)$ 表示，其中 X 和 W 是不独立的. 它们的联合概率密度函数为 $f_{X,W}(x，t)，t \in \mathbf{N}^+$. 当 X 和 W 连续时，其拉普拉斯变换为下式

$$f_{X,W}^*(s_1，s_2) = E[e^{-s_1 X} e^{-s_2 W}] = \int_0^\infty \int_0^\infty e^{-s_1 x} e^{-s_2 t} f_{X,W}(x，t) \mathrm{d}x \mathrm{d}t \tag{4.2.4}$$

实际上本章定义了 X 和 W 之间的一个关系是由 Farlie-Gumbel-Morgenstern（FGM）Copula 给出的，这将在下面做详细介绍，FGM Copula 的定义为

$$c_\theta^{\text{FGM}}(u_1，u_2) = u_1 u_2 + \theta u_1 u_2 (1 - u_1)(1 - u_2)，\quad -1 \leqslant \theta \leqslant 1 \tag{4.2.5}$$

当 $\theta = 0$ 时，$c_0^{\text{FGM}} = C^\perp$，FGM Copula 包含了负相关正相关和独立的关系. 有很多文献应用到 FGM Copula，如本书参考文献[4][5][6]. 对于 FGM Copula 式（4.2.5）变为

$$c_\theta^{\text{FGM}}(u_1，u_2) = 1 + \theta(1 - 2u_1)(1 - 2u_2) \tag{4.2.6}$$

二元分布函数 $F_{X,W}$ 则可以写成

$$F_{X,W}(x，t) = F_X(x)F_W(t) + \theta F_X(x)F_W(t)(1 - F_X(x))(1 - F_W(t)) \tag{4.2.7}$$

其中 $(x, t) \in \mathbf{R}^+ \times \mathbf{R}^+$. (X, W) 的联合概率密度函数为

$$f_{X, W}(x, t) = f_X(x)f_W(t) + \theta f_X(x)f_W(t)(1 - 2F_X(x))(1 - 2F_W(t))$$

$$(4.2.8)$$

再由式 (4.2.1) 得到

$$f_{X, W}(x, t) = f_X(x)\lambda e^{-\lambda t} + \theta f_X(x)\lambda e^{-\lambda t}(1 - 2F_X(x))(2e^{-\lambda t} - 1)$$

$$(4.2.9)$$

定义 $h_X(x) = (1 - 2F_X(x))f_X(x)$，它的拉普拉斯变换为 $h_X^*(s)$，则式 (4.2.9) 可以写成

$$f_{X, W}(x, t) = f_X(x)\lambda e^{-\lambda t} + \theta h_X(x)(2e^{-2\lambda t} - \lambda e^{-\lambda t}) \qquad (4.2.10)$$

4.2.2 Gerber-Shiu 期望折现罚金函数

本章研究无分红情况下的相依对偶模型 $U(t) = u - ct + S(t)$，收益过程 $S(t)$ 是复合 Poisson，可以表示为 $S(t) = \sum_{j=1}^{N(t)} X_j$. 营利次数过程 $N = \{N(t), t \in R^+\}$，产生营利时间间隔 $\{W_j, j \in N^+\}$ 是一列独立的正随机变量，它的期望为 $\dfrac{1}{\lambda}$，(X, W) 的联合概率密度函数为

$$f_{X, W}(x, t) = f_X(x)f_W(t) + \theta f_X(x)f_W(t)(1 - 2F_X(x))(1 - 2F_W(t))$$

$$(4.2.11)$$

如图 4.1 所示：定义随机变量 $T = \inf\limits_{t \geq 0}\{U(t) < 0\}$ 为破产时刻，如果对所有 $t \geq 0$ 都有 $U(t) \geq 0$，则 $T = \infty$. 为了确保不会发生（几乎一定）会破产，要求 c 满足下列不等式

$$E[X_i - cW_i] > 0, 1, 2, \cdots \qquad (4.2.12)$$

接下来要研究 Gerber-Shiu 期望折现函数[22]，它的定义为

$$m_\delta(u) = E[e^{-\delta T}\omega(U(T^-), |U(T)|)I(T < \infty) | U(0) = u], u \geq 0$$

$$(4.2.13)$$

其中 $\omega(x, y)$ 为破产时刻的罚金函数，$|U(T)|$ 和 $U(T^-)$ 分别为破产时刻赤字和破产前盈余，然而从图 4.1 可见，对偶模型破产不是由跳引起的，所以

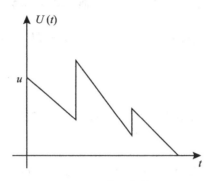

图 4.1　相依对偶模型

$|U(T)|=0$ 和 $U(T^-)=0$，所以这里要研究的 Gerber-Shiu 期望折现罚金函数变为

$$m_\delta(u) = E\left[e^{-\delta T}I(T < \infty) \mid U(0) = u\right], \ u \geqslant 0 \qquad (4.2.14)$$

当 $\delta = 0$ 时，式（4.2.14）即为破产概率 $\phi(u) = P(T < \infty \mid U(0) = u)$.

将上述问题做一个转化，把上述过程做一个旋转，如图 4.2 所示，这个新的过程为 $V(t) = v + ct - S(t)$，初始点为 v，b 是一条平行于横轴的直线，这样一来，之前的破产时刻变成了现在的首次达到 b 的时刻，前提是现在的过程不考虑是否发生破产，尤其是当 $b = v + u$，原来过程的破产时刻和现在的首次达到 b 的时间完全一样，也即 $T = \inf_{t \geqslant 0}\{V(t) = b\}$，因而式（4.2.14）可以转化为

$$m_\delta(v) = E\left[e^{-\delta T}I(T < \infty) \mid V(0) = v\right], \ v \geqslant 0 \qquad (4.2.15)$$

将首次到达 b 这个过程分解，在首次到达 b 之前有 n 次产生收益，$n = 1$，2，3，$\cdots$，利用参考文献［23］中的方法求解式（4.2.15），令

$$G = \prod_{i=1}^n e^{\left(-\frac{\delta}{c}\right)(x_i - y_{i-1})} f_{X,W}\left(x_i - y_i, \frac{x_i - y_{i-1}}{c}\right)$$

$$g_n(\delta, \ v, \ b, \ x_1, \ y_1, \ \cdots, \ x_{n+1})$$

$$= (-1)^n \frac{1}{c^n} \lambda e^{\left(-\frac{\delta}{c}\right)(x_{n+1} - y_n)} e^{\left(-\frac{\delta}{c}\right)(b - y_n)} G \mathrm{d}x_1 \mathrm{d}y_1 \cdots \mathrm{d}x_{n+1}, \ y_0 = v \quad (4.2.16)$$

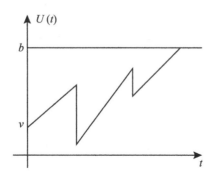

图 4.2   转化后的模型

引理 1   对于 $n \geqslant 1$，$\delta > 0$，$x_1 > u$，$x_i < b$，$i = 1, 2, \cdots, n$，$x_{n+1} > b$；$y_i < x_i$，$y_i < x_{i+1}$，$i = 1, 2, \cdots, n$，$y_0 = u$，可以得到

$$E\left[e^{-\delta\left[S_n + \frac{b-V(S_n)}{c} \right]} \right] I(V(S^-) \in \mathrm{d}x_1, V(S) \in \mathrm{d}y_1, \cdots, V(S_{n+1}^-) \in \mathrm{d}x_{n+1}) \mid V(0) = v]$$

$$= g_n(\delta, v, b, x_1, y_1, \cdots, x_{n+1}) \mathrm{d}x_1 \mathrm{d}y_1 \cdots \mathrm{d}x_{n+1} \qquad (4.2.17)$$

证明：

$$J = E\left[e^{-\delta\left[S_n + \frac{b-V(S_n)}{c} \right]} \right] I(V(S^-) \in \mathrm{d}x_1, V(S) \in \mathrm{d}y_1, \cdots, V(S_{n+1}^-) \in \mathrm{d}x_{n+1}) \mid V(0) = v]$$

$$= E\left[E\left[e^{-\delta\left[S_n + \frac{b-V(S_n)}{c} \right]} I(V(S^-) \in \mathrm{d}x_1, V(S) \in \mathrm{d}y_1, \cdots, V(S_{n+1}^-) \in \mathrm{d}x_{n+1}) \mid S_1 \cdots S_n, \right.\right.$$

$$\left.\left. X_1 \cdots X_n \right] \mid V(0) = v \right]$$

$$= J_1 f_W\left(\frac{x_{n+1} - y_n}{c} \right) \mathrm{d}x_{n+1}$$

其中，

$$J_1 = E\left[e^{-\delta\left[S_n + \frac{b-V(S_n)}{c} \right]} \right] I(V(S^-) \in \mathrm{d}x_1, V(S) \in \mathrm{d}y_1, \cdots, V(S_n^-) \in \mathrm{d}x_n,$$

$$V(S_n) \in \mathrm{d}y_n) \mid V(0) = v]$$

$$= E\left[E\left[e^{-\delta\left[S_{n-1} + W_n + \frac{b-V(S_n)}{c} \right]} I(V(S^-) \in \mathrm{d}x_1, V(S) \in \mathrm{d}y_1, \cdots, V(S_n^-) \in \right.\right.$$

$$\left.\left. \mathrm{d}x_n, V(S_n) \in \mathrm{d}y_n) \mid S_1 \cdots S_{n-1}, X_1 \cdots X_{n-1} \right] \mid V(0) = v \right]$$

$$= J_2 E\left[e^{-\delta\left[W_n + \frac{b-V(S_n)}{c} \right]} I(V(S_n^-) \in \mathrm{d}x_n, V(S_n) \in \mathrm{d}y_n) \mid V(0) = v \right]$$

$$= J_2 E\left[e^{-\delta\left[W_n + \frac{b-V(S_n)}{c} \right]} I(Y_{n-1} + cW_n \in dx_n,\ x_n - X_n \in dy_n) \mid V(0)=v \right]$$

$$= J_2 E\left[e^{-\delta\left(\frac{b+x_n-y_n-y_{n-1}}{c} \right)} I\left(W_n \in \frac{dx_n - y_{n-1}}{c},\ X_n \in x_n - dy_n \right) \mid V(0)=v \right]$$

$$= J_2 \frac{-1}{c} e^{-\delta\left(\frac{b+x_n-y_n-y_{n-1}}{c} \right)} f_{X,W}\left(x_n - y_n,\ \frac{x_n - y_{n-1}}{c} \right) dx_n dy_n$$

而其中,

$$J_2 = E\left[e^{-\delta S_{n-1}} I(V(S_1^-) \in dx_1,\ V(S_1) \in dy_1,\ \cdots,\ V(S_{n-1}^-) \in dx_{n-1},\right.$$
$$\left. V(S_{n-1}) \in dy_{n-1}) \mid V(0)=v \right]$$

$$= E\left[E\left[e^{-\delta(S_{n-2}+W_{n-1})} I(V(S_1^-) \in dx_1,\ V(S_1) \in dy_1,\ \cdots,\ V(S_{n-1}^-) \in \right.\right.$$
$$\left.\left. dx_{n-1},\ V(S_{n-1}) \in dy_{n-1}) \mid S_1 \cdots S_{n-2},\ X_1 \cdots X_{n-2} \right] \mid V(0)=v \right]$$

$$= J_3 E\left[e^{-\delta(W_{n-1})} I(V(S_{n-1}^-) \in dx_{n-1},\ V(S_{n-1}) \in dy_{n-1}) \mid V(0)=v \right]$$

$$= J_3 E\left[e^{-\delta(W_{n-1})} I(cW_{n-1} + y_{n-2} \in dx_{n-1},\ x_{n-1} - X_{n-1} \in dy_{n-1}) \mid V(0)=v \right]$$

$$= J_3 E\left[e^{-\delta W_{n-1}} I\left(W_{n-1} \in \frac{dx_{n-1} - y_{n-2}}{c},\ X_{n-1} \in x_{n-1} - dy_{n-1} \right) \mid V(0)=v \right]$$

$$= J_3 \frac{-1}{c} e^{-\delta\left(\frac{x_{n-1}-y_{n-2}}{c} \right)} f_{X,W}\left(x_{n-1} - y_{n-1},\ \frac{x_{n-1} - y_{n-2}}{c} \right) dx_{n-1} dy_{n-1}$$

其中, 又有

$$J_3 = E\left[e^{-\delta S_{n-2}} I(V(S_1^-) \in dx_1,\ V(S_1) \in dy_1,\ \cdots,\ V(S_{n-2}^-) \in dx_{n-2},\right.$$
$$\left. V(S_{n-2}) \in dy_{n-2}) \mid V(0)=v \right]$$

这样一直下去, 从而可以得到

$$J_1 = (-1)^n \frac{1}{c} e^{-\delta\left(\frac{b-y_n}{c} \right)} \prod_{i=1}^n e^{-\delta\left(\frac{x_i-y_{i-1}}{c} \right)} f_{X,Y}\left(x_i - y_i,\ \frac{x_i - y_{i-1}}{c} \right) dx_1 dy_1 \cdots dx_n dy_n.$$

所以有

$$J = (-1)^n \frac{1}{c} e^{-\delta\left(\frac{\lambda}{c} \right)(x_{n+1}-y_n)} e^{-\delta\left(\frac{\lambda}{c} \right)(b-y_n)} \prod_{i=1}^n e^{\frac{-\delta}{c}(x_i-y_{i-1})} f_{X,W}\left(x_i - y_i,\ \frac{x_i - y_{i-1}}{c} \right)$$

$$dx_1 dy_1 \cdots dx_{n+1}$$

$$= g_n(\delta,\ v,\ b,\ x_1,\ y_1,\ \cdots,\ x_{n+1}) dx_1 dy_1 \cdots dx_{n+1}$$

引理 2

$$m_{n,\delta}(v) = E\left[e^{-\delta\left[S_n + \frac{b-V(S_n)}{c} \right]} I(v < V(S_1^-) < b,\ V(S_1) < V(S_1^-),\ V(S_1) < \right.$$

$$V(S_2^-), \ V(S_2^-) \ < \ b, \ \cdots, \ V(S_n) \ < \ V(S), \ V(S_n) \ < \ V(S_{n+1}^-),$$

$$V(S_{n+1}^-) \ > \ b) \mid V(0) = v \bigr]$$

$$= \int_v^b \mathrm{d}x_1 \int_{-\infty}^{x_1} \mathrm{d}y_1 \cdots \int_{y_{n-1}}^b \mathrm{d}x_n \int_{-\infty}^{x_n} \mathrm{d}x_n \int_b^\infty g_n(\delta, \ v, \ b, \ x_1, \ y_1, \ \cdots, \ x_{n+1}) \mathrm{d}x_{n+1}$$

$$(4.2.18)$$

定理 1 Gerber-Shiu 期望折现罚金函数

$$m_\delta(v) = E \bigl[\mathrm{e}^{-\delta T} I(T < \infty) \mid V(0) = v \bigr]$$

$$= \sum_{n=1}^\infty \int_v^b \mathrm{d}x_1 \int_{-\infty}^{x_1} \mathrm{d}y_1 \cdots \int_{y_{n-1}}^\infty \mathrm{d}x_n \int_{-\infty}^{x_n} \mathrm{d}y_n \int_b^\infty g_n(\delta, \ v, \ b, \ x_1, \ y_1, \ \cdots,$$

$$x_{n+1}) \mathrm{d}x_{n+1}$$

显然有

$$m_\delta(v) = \sum_{n=1}^\infty m_{n, \delta}(v)$$

再由引理 2 可得定理 1.

推论 1

$$m_{n, \delta}(v) = \int_v^b \mathrm{d}x_1 \int_{-\infty}^{x_1} (-1) \frac{1}{c} \mathrm{e}^{-\delta \left(\frac{x_1 - v}{c} \right)} f_{X, W} \left(x_1 - y_1, \ \frac{x_1 - v}{c} \right) m_{n-1, \delta}(y_1) \mathrm{d}y_1$$

$$(4.2.19)$$

证明 由式(4.2.16)与引理 2 直接可得.

推论 2

$$m_\delta(v) = \int_v^b \mathrm{d}x_1 \int_{-\infty}^{x_1} \mathrm{d}y_1 \int_b^\infty g_1(\delta, \ v, \ x_1, \ x_2, \ y_1) \mathrm{d}x_2 - \frac{1}{c} \int_v^b \mathrm{d}x_1 \int_{-\infty}^{x_1} \mathrm{e}^{-\delta \left(\frac{x_1 - v}{c} \right)} m_\delta(y_1) \mathrm{d}y_1$$

$$(4.2.20)$$

证明 由推论 1 可以得到

$$m_\delta(v) = m_{1,\delta}(v) + \sum_{n=2}^\infty m_{n,\delta}(v)$$

$$= m_{1,\delta}(v) + \sum_{n=2}^\infty \int_v^b \mathrm{d}x_1 \int_{-\infty}^{x_1} (-1) \frac{1}{c} \mathrm{e}^{-\delta \left(\frac{x_1 - v}{c} \right)} f_{X, W} \left(x_1 - y_1, \frac{x_1 - v}{c} \right) m_{n-1,\delta}(y_1) \mathrm{d}y_1$$

$$= m_{1,\delta}(v) + \int_v^b \mathrm{d}x_1 \int_{-\infty}^{x_1} (-1) \frac{1}{c} \mathrm{e}^{-\delta \left(\frac{x_1 - v}{c} \right)} f_{X, W} \left(x_1 - y_1, \frac{x_1 - v}{c} \right) \sum_{n=2}^\infty m_{n-1,\delta}(y_1) \mathrm{d}y_1$$

$$= \int_v^b \mathrm{d}x_1 \int_{-\infty}^{x_1} \mathrm{d}y_1 \int_b^{\infty} g_1(\delta, v, x_1, x_2, y_1) \mathrm{d}x_2 - \frac{1}{c} \int_v^b \mathrm{d}x_1 \int_{-\infty}^{x_1} \mathrm{e}^{-\delta\left(\frac{x_1 - v}{c}\right)} m_\delta(y_1) \mathrm{d}y_1$$

§4.3　常分红壁下相依对偶模型的 Gerber-Shiu 函数

4.3.1　引言

在本章第 2 节中已有以下一些结论，收益过程 $S = \{S(t), t \geqslant 0\}$ 可以表示为 $S(t) = \sum_{j=1}^{N(t)} X_j$。营利次数过程 $N = \{N(t), t \in \mathbf{R}^+\}$，产生营利时间间隔 $\{W_j, j \in N^+\}$ 是一列独立的正随机变量，它服从期望为 $\frac{1}{\lambda}$ 的指数分布，概率密度函数 f_W 和分布函数 F_W 还有它的拉普拉斯变换 f_W^* 分别为：

$$f_W(t) = \lambda \mathrm{e}^{-\lambda t} \tag{4.3.1}$$

$$F_W(t) = 1 - \lambda \mathrm{e}^{-\lambda t} \tag{4.3.2}$$

$$f_W^*(s) = E[\mathrm{e}^{-sW}] = \frac{\lambda}{\lambda + s} \tag{4.3.3}$$

表示第 j 次收益量的大小 $\{X_j, j \in N^+\}$ 是独立同分布的正随机变量，它的概率密度函数为 f_X，分布函数为 F_X，拉普拉斯变换为 f_X^*。在本书中，用 $*$ 代表拉普拉斯变换.

在假设 $\{(X_j, W_j), j \in N^+\}$ 构成一列独立同分布的随机向量由 (X, W) 表示，其中 X 和 W 是不独立的。它们的联合概率密度函数为 $f_{X,W}(x, t)$，$t \in N^+$。当 X 和 W 连续时，其拉普拉斯变换为下式

$$f_{X,W}^*(s_1, s_2) = E[\mathrm{e}^{-s_1 X} \mathrm{e}^{-s_2 W}] = \int_0^{\infty} \int_0^{\infty} \mathrm{e}^{-s_1 x} \mathrm{e}^{-s_2 t} f_{X,W}(x, t) \mathrm{d}x \mathrm{d}t \tag{4.3.4}$$

实际上本章第 2 节中定义了 X 和 W 之间一个关系是由 Farlie-Gumbel-Morgenstern Copula 给出的，FGM Copula 的定义为

$$c_\theta^{FGM}(u_1, u_2) = u_1 u_2 + \theta u_1 u_2 (1 - u_1)(1 - u_2), \quad -1 \leqslant \theta \leqslant 1 \tag{4.3.5}$$

当 $\theta = 0$ 时，对于 FGM Copula，式(4.3.5)变为：

$$c_\theta^{FGM}(u_1,\ u_2) = 1 + \theta(1 - 2u_1)(1 - 2u_2)$$

二元分布函数 $F_{X,\ W}$ 则可以写成:

$$F_{X,\ W}(x,\ t) = F_X(x)F_W(t) + \theta F_X(x)F_W(t)(1 - F_X(x))(1 - F_W(t))$$

其中 $(x,\ t) \in \mathbf{R}^+ \times \mathbf{R}^+$. $(X,\ W)$ 的联合概率密度函数为:

$$f_{X,\ W}(x,\ t) = f_X(x)f_W(t) + \theta f_X(x)f_W(t)(1 - 2F_X(x))(1 - 2F_W(t))$$

再由式(4.3.1)得到

$$f_{X,\ W}(x,\ t) = f_X(x)\lambda \mathrm{e}^{-\lambda t} + \theta f_X(x)\lambda \mathrm{e}^{-\lambda t}(1 - 2F_X(x))(2\mathrm{e}^{-\lambda t} - 1)$$

$$(4.3.6)$$

定义 $h_X(x) = (1 - 2F_X(x))f_X(x)$, 它的拉普拉斯变换为 $h_X^*(s)$, 则式 (4.2.9)可以写成:

$$f_{X,\ W}(x,\ t) = f_X(x)\lambda \mathrm{e}^{-\lambda t} + \theta h_X(x)(2\mathrm{e}^{-2\lambda t} - \lambda \mathrm{e}^{-\lambda t}) \qquad (4.3.7)$$

接下来, 首先介绍常分红壁相依对偶模型, 然后研究相依对偶模型下的 Gerber-Shiu 期望折现罚金函数, 并推导它所满足的积分微分方程, 并且给出显式的表达式.

4.3.2 常分红壁下的相依对偶模型

开始研究带有分红壁的相依对偶模型 $U_b(t)$, 如图 4.3 所示, 初始点为 $u \geq 0$, $u \leq b$, b 为一条水平分红线, 收益超过 b 的部分被分掉, 收益过程 $S(t)$ 是复合 Poisson 过程, 可以表示为 $S(t) = \sum_{j=1}^{N(t)} X_j$. 营利次数过程 $N = \{N(t),\ t \in \mathbf{R}^+\}$, 产生营利时间间隔 $\{W_j,\ j \in \mathbf{N}^+\}$ 是一列独立的正随机变量. $(X,\ W)$ 的联合密度函数为

$$f_{X,\ W}(x,\ t) = f_X(x)\lambda \mathrm{e}^{-\lambda t} + \theta h_X(x)(2\mathrm{e}^{-2\lambda t} - \lambda \mathrm{e}^{-\lambda t}) \qquad (4.3.8)$$

其中, $h_X(x) = (1 - 2F_X(x))f_X(x)$, c 满足

$$E[X_i - cW_i] > 0,\ i = 1,\ 2,\ \cdots$$

定义破产时刻 $T_b = \inf_{t \geq 0}\{U_b(t) < 0\}$, 这里研究的 Gerber-Shiu 期望折现罚金函数为

$$m_{b,\ \delta}(u) = E[\mathrm{e}^{-\delta T_b}I(T_b < \infty) \mid U_b(0) = u],\ 0 \leq u \leq b \qquad (4.3.9)$$

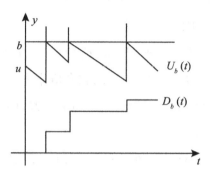

图 4.3　常分红壁相依对偶模型

$$m_{b,\delta}(u) = m_{b,\delta}(b),\ u > b \qquad (4.3.10)$$

也就是说，只需要研究 $u \geqslant 0$，$u \leqslant b$ 下的情况.

　　同样可以将此问题转化，在原 $t-y$ 坐标系中令 $y' = b - y$，则原过程 $U_b(t)$ 在 $t-y'$ 坐标系中成为 $V_b(t)$，如图 4.4 所示，它的初始点 $0 \leqslant v \leqslant b$，此时的水平直线 b 相当于原来的破产线，而现在的破产线横轴相当于原来的分红线 b. 这里当 $V_b(t)$ 掉到横轴以下时，不看作破产，而是把横轴以下部分看作之前的分红，然后重新从 0 开始，当 $v = b - u$ 时，原来过程的破产时刻和现在的首次达到 b 的时间完全一样，也即 $T_b = \inf\limits_{t \geqslant 0}\{V_b(t) = b\}$，那么式(4.3.9)转化为

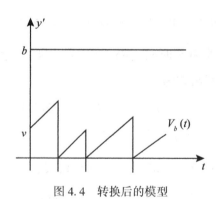

图 4.4　转换后的模型

$$m_{b,\delta}(v) = E\left[\,\mathrm{e}^{-\delta T_b} I(T_b < \infty) \mid V_b(0) = v\right],\ v \geqslant 0,\ v \leqslant b \qquad (4.3.11)$$

4.3.3 常分红壁下的 Gerber-Shiu 期望折现罚金函数

定义 I 和 D 分别为恒等运算符和求导运算符.

命题 1 期望折现罚金函数 $m_{b,\delta}(v)$, 满足以下方程 $v \geqslant 0$, $v \leqslant b$, $-1 \leqslant \theta \leqslant 1$,

$$\left(\frac{2\lambda+\delta}{c}I-D\right)\left(\frac{\lambda+\delta}{c}I-D\right)m_{b,\delta}(v) = \frac{\lambda}{c}\left(\frac{2\lambda+\delta}{c}I-D\right)\sigma_1(v) + \frac{\lambda\theta}{c}\left(\frac{\delta}{c}I-D\right)\sigma_2(v)$$

$$(4.3.12)$$

其一阶二阶边界条件分别为

$$m'_{b,\delta}(b) = \frac{\lambda+\delta}{c} - \frac{\lambda}{c}\sigma_1(b) - \frac{\lambda\theta}{c}\sigma_2(b) \qquad (4.3.13)$$

$$m''_{b,\delta}(b) = \frac{(\lambda+\delta)^2}{c^2} - \frac{\lambda^2+\lambda\delta}{c^2}\sigma_1(b) - \frac{3\lambda^2\theta+\lambda\theta\delta}{c^2}\sigma_2(b) - \frac{\lambda}{c}\sigma_1(b) - \frac{\lambda\theta}{c}\sigma_2(b)$$

$$(4.3.14)$$

其中,

$$\sigma_1(v) = \int_0^v m_{b,\delta}(u-x)f_X(x)\,\mathrm{d}x + m_{b,\delta}(0)\omega_1(v) \qquad (4.3.15)$$

$$\sigma_2(v) = \int_0^v m_{b,\delta}(u-x)h_X(x)\,\mathrm{d}x + m_{b,\delta}(0)\omega_2(v) \qquad (4.3.16)$$

$$\omega_1(v) = \int_v^\infty f_X(x)\,\mathrm{d}x \qquad (4.3.17)$$

$$\omega_2(v) = \int_v^\infty h_X(x)\,\mathrm{d}x \qquad (4.3.18)$$

证明

$$m_{b,\delta}(v) = E\left[\mathrm{e}^{-\delta T_b}I(T_b<\infty) \mid V_b(0)=v\right]$$

$$= E\left[\mathrm{e}^{-\delta T_b}I(T_b<\infty)\left[I\left(T_1\geqslant\frac{b-v}{c}\right)+I\left(T_1\leqslant\frac{b-v}{c}\right)\right] \mid V_b(0)=v\right]$$

$$= \mathrm{e}^{-\delta\frac{b-v}{c}}\mathrm{e}^{-\lambda\frac{b-v}{c}} + \int_0^{\frac{b-v}{c}}\int_0^{v+ct}\mathrm{e}^{-\delta t}f_{X,W}(x,t)m_{b,\delta}(v+ct-x)\,\mathrm{d}x\mathrm{d}t$$

$$\quad + m_{b,\delta}(0)\lambda\int_0^{\frac{b-v}{c}}\int_{v+ct}^\infty\mathrm{e}^{-\delta t}f_{X,W}(x,t)\,\mathrm{d}x\mathrm{d}t \qquad (4.3.19)$$

将式 (4.3.8) 代入式 (4.3.19) 可得

$$m_{b,\delta}(v) = \mathrm{e}^{-(\delta+\lambda)\frac{b-v}{c}} + \lambda \int_0^{\frac{b-v}{c}} \int_0^{v+ct} \mathrm{e}^{-(\delta+\lambda)t} f_X(x) m_{b,\delta}(v+ct-x)\,\mathrm{d}x\mathrm{d}t$$

$$+ \lambda\theta \int_0^{\frac{b-v}{c}} \int_0^{v+ct} \mathrm{e}^{-\delta t}(\mathrm{e}^{-2\lambda t} - \mathrm{e}^{-\lambda t}) h_X(x) m_{b,\delta}(v+ct-x)\,\mathrm{d}x\mathrm{d}t$$

$$+ m_{b,\delta}(0)\lambda \int_0^{\frac{b-v}{c}} \int_{v+ct}^{\infty} \mathrm{e}^{-(\delta+\lambda)t} f_X(x)\,\mathrm{d}x\mathrm{d}t$$

$$+ m_{b,\delta}(0)\lambda \int_0^{\frac{b-v}{c}} \int_{v+ct}^{\infty} \mathrm{e}^{-\delta t}(2\mathrm{e}^{-2\lambda t} - \mathrm{e}^{-\lambda t}) h_X(x)\,\mathrm{d}x\mathrm{d}t \qquad (4.3.20)$$

将式(4.3.15)，式(4.3.16)代入式(4.3.20)，有

$$m_{b,\delta}(v) = \lambda \int_0^{\frac{b-v}{c}} \mathrm{e}^{-(\delta+\lambda)t} \sigma_1(v+ct)\,\mathrm{d}t + 2\lambda\theta \int_0^{\frac{b-v}{c}} \mathrm{e}^{-(\delta+2\lambda)t} \sigma_2(v+ct)\,\mathrm{d}t$$

$$+ \lambda\theta \int_0^{\frac{b-v}{c}} \mathrm{e}^{-(\delta+\lambda)t} \sigma_2(v+ct)\,\mathrm{d}t + \mathrm{e}^{-(\delta+\lambda)\frac{b-v}{c}} \qquad (4.3.21)$$

令 $v+ct = s$，则式(4.3.21)可变为

$$m_{b,\delta}(v) = \frac{\lambda}{c} \int_0^{\frac{b-v}{c}} \mathrm{e}^{-(\delta+\lambda)\frac{s-v}{c}} \sigma_1(s)\,\mathrm{d}s + \frac{2\lambda\theta}{c} \int_0^{\frac{b-v}{c}} \mathrm{e}^{-(\delta+2\lambda)\frac{s-v}{c}} \sigma_2(s)\,\mathrm{d}s$$

$$- \frac{\lambda\theta}{c} \int_0^{\frac{b-v}{c}} \mathrm{e}^{-(\delta+\lambda)\frac{s-v}{c}} \sigma_2(s)\,\mathrm{d}t + \mathrm{e}^{-(\delta+\lambda)\frac{b-v}{c}} \qquad (4.3.22)$$

上式对 v 求导，可得

$$m'_{b,\delta}(v) = \frac{\lambda}{c} \cdot \frac{\lambda+\delta}{c} \int_v^b \mathrm{e}^{-(\delta+\lambda)\frac{s-v}{c}} \sigma_1(s)\,\mathrm{d}s + \frac{2\lambda\theta}{c} \cdot \frac{2\lambda+\delta}{c} \int_v^b \mathrm{e}^{-(\delta+2\lambda)\frac{s-v}{c}} \sigma_2(s)\,\mathrm{d}s$$

$$- \frac{\lambda\theta}{c} \cdot \frac{\lambda+\delta}{c} \int_v^b \mathrm{e}^{-(\delta+\lambda)\frac{s-v}{c}} \sigma_2(s)\,\mathrm{d}t - \frac{\lambda}{c}\sigma_1(v) - \frac{\lambda\theta}{c}\sigma_2(v)$$

$$+ \frac{\lambda+\delta}{c} \mathrm{e}^{-(\delta+\lambda)\frac{b-v}{c}} \qquad (4.3.23)$$

由式(4.3.22)乘以 $\dfrac{\lambda+\delta}{c}$ 再减去式(4.3.23)，应用恒等和求导算子可得

$$\left(\frac{\lambda+\delta}{c}I - D\right) m_{b,\delta}(v) = \frac{\lambda}{c}\sigma_1(v) - \frac{2\lambda^2\theta}{c^2} \int_v^b \mathrm{e}^{-\frac{s-v}{c}(2\lambda+\delta)} \sigma_2(s)\,\mathrm{d}s + \frac{\lambda\theta}{c}\sigma_2(v)$$

$$\qquad (4.3.24)$$

令

$$g_{b,\delta}(v) = \left(\frac{\lambda+\delta}{c}I - D\right) m_{b,\delta}(v) \qquad (4.3.25)$$

代入式(4.3.24)得

$$g_{b,\delta}(v) = \frac{\lambda}{c}\sigma_1(v) - \frac{2\lambda^2\theta}{c^2}\int_v^b e^{-\frac{s-v}{c}(2\lambda+\delta)}\sigma_2(s)\,\mathrm{d}s + \frac{\lambda\theta}{c}\sigma_2(v)$$

上式对 v 求导, 则有

$$g'_{b,\delta}(v) = \frac{\lambda}{c}\sigma'_1(v) - \frac{2\lambda^2\theta(2\lambda+\theta)}{c^3}\int_v^b e^{-\frac{s-v}{c}(2\lambda+\delta)}\sigma_2(s)\,\mathrm{d}s + \frac{2\lambda^2\theta}{c^2}\sigma_2(v) +$$

$$\frac{\lambda\theta}{c}\sigma'_2(v) \tag{4.3.26}$$

再由式(4.3.25)乘以 $\left(\dfrac{2\lambda+\delta}{c}\right)$ 并减去式(4.3.26), 应用恒等和求导算子, 可得

$$\left(\frac{2\lambda+\delta}{c}I - D\right)g'_{b,\delta}(v) = \frac{\lambda}{c}\left(\frac{2\lambda+\delta}{c}I - D\right)\sigma'_1(v) + \frac{\lambda\theta}{c}\left(\frac{\delta}{c}I - D\right)\sigma'_2(v) \tag{4.3.27}$$

代入式(4.3.26), 可得

$$\left(\frac{2\lambda+\delta}{c}I - D\right)\left(\frac{\lambda+\delta}{c}I - D\right)m_{b,\delta}(v) = \frac{\lambda}{c}\left(\frac{2\lambda+\delta}{c}I - D\right)\sigma_1(v) + \frac{\lambda\theta}{c}\left(\frac{\delta}{c}I - D\right)\sigma_2(v)$$

在式(4.3.23)和式(4.3.26)中, 令 $v = b$, 可得两个边界条件

$$m'_{b,\delta}(b) = \frac{\lambda+\delta}{c} - \frac{\lambda}{c}\sigma_1(b) - \frac{\lambda\theta}{c}\sigma_2(b)$$

$$m''_{b,\delta}(b) = \frac{(\lambda+\delta)^2}{c^2} - \frac{\lambda^2+\lambda\delta}{c^2}\sigma_1(b) - \frac{3\lambda^2\theta+\lambda\theta\delta}{c^2}\sigma_2(b) - \frac{\lambda}{c}\sigma_1(b) - \frac{\lambda\theta}{c}\sigma_2(b)$$

命题 2 $m_{b,\delta}(v)$ 的拉普拉斯变换为

$$m_{b,\delta}^*(v) = \frac{\beta_{1,\delta}^*(s) + \beta_{2,\delta}^*(s)}{h_{1,\delta}^*(s) + h_{2,\delta}^*(s)} \tag{4.3.28}$$

其中,

$$\beta_{1,\delta}^*(s) = \frac{\lambda}{c}\left(\frac{2\lambda+\delta}{c} - s\right)\omega_1^*(m_b^\delta(0)) + \theta\frac{\lambda}{c}\left(\frac{\delta}{c} - s\right)\omega_2^*(s)m_{b,\delta}(0) \tag{4.3.29}$$

$$\beta_{2,\delta}^*(s) = \frac{\lambda}{c}\left(s - \frac{2\lambda+2\delta}{c}\right)m_{b,\delta}(0) + m'_{b,\delta}(0) \tag{4.3.30}$$

$$h_{1,\delta}^{*}(s) = \left(\frac{\lambda+\delta}{c} - s\right)\left(\frac{2\lambda+\delta}{c} - s\right) \tag{4.3.31}$$

$$h_{2,\delta}^{*}(s) = \frac{\lambda}{c}\left(\frac{2\lambda+2\delta}{c} - s\right)f_{X}^{*}(s) + \frac{\lambda\theta}{c}\left(\frac{\delta}{c} - s\right)h_{X}^{*}(s) \tag{4.3.32}$$

证明　首先令

$$d(v) = \left(\frac{2\lambda+\delta}{c}I - D\right)\left(\frac{\lambda+\delta}{c}I - D\right)m_{b,\delta}(v)$$

$$- \frac{\lambda}{c}\left(\frac{2\lambda+\delta}{c}I - D\right)\sigma_{1}(v) - \frac{\lambda\theta}{c}\left(\frac{\delta}{c}I - D\right)\sigma_{2}(v)$$

$$\tag{4.3.33}$$

由命题 1，显然 $d(v) = 0$，对上式两边同时作拉普拉斯变换，并利用式 (4.3.15)、式(4.3.16)、式(4.3.17)、式(4.3.18)可得到

$$0 = d^{*}(v) = \left(\frac{2\lambda+\delta}{c} - s\right)\left(\frac{\lambda+\delta}{c} - s\right)m_{b,\delta}^{*}(s) - sm_{b,\delta}(0) - m_{b,\delta}'(0)$$

$$+ \frac{3\lambda+2\delta}{c}m_{b,\delta}(0) - \frac{\lambda}{c}\left(\frac{2\lambda+\delta}{c} - s\right)m_{b,\delta}^{*}(s)f_{X}^{*}(s)$$

$$- \frac{\lambda\theta}{c}\left(\frac{\delta}{c} - s\right)m_{b,\delta}^{*}(s)h_{X}^{*}(s)$$

$$- \frac{\lambda}{c}\left(\frac{2\lambda+\delta}{c} - s\right)m_{b,\delta}(0)\omega_{1}^{*}(s) - \frac{\lambda\theta}{c}\left(\frac{\delta}{c} - s\right)m_{b,\delta}(0)\omega_{2}^{*}(s)$$

$$- \frac{\lambda}{c}m_{b,\delta}(0)\omega_{1}(0) - \frac{\lambda\theta}{c}m_{b,\delta}(0)\omega_{2}(0) \tag{4.3.34}$$

易知 $\omega_{1}(0) = 1$，$\omega_{2}(0) = 0$，从上式中，可以解出 $m_{b,\delta}^{*}(s)$，即

$$m_{b,\delta}^{*}(v) = \frac{\beta_{1,\delta}^{*}(s) + \beta_{2,\delta}^{*}(s)}{h_{1,\delta}^{*}(s) + h_{2,\delta}^{*}(s)}$$

参考文献[24] 对可积的实函数 f，定义 Dickson-Hipp 算子 T_{r}

$$Tf(x) = \int_{x}^{\infty} e^{-r(u-x)}f(u)\,du, \quad r \in C$$

下面给出关于这个算子的一些性质：

性质 1

$$Tf(0) = \int_{0}^{\infty} e^{-ru}f(u)\,du = f^{*}(r)$$

性质 2

$$T_{r_1}T_{r_2}f(x) = T_{r_2}T_{r_1}f(x) = \frac{T_{r_1}f(x) - T_{r_2}f(x)}{r_2 - r_1}, \quad r_1 \neq r_2, \ x \geqslant 0$$

性质 3 　如果 r_1, r_2, $\cdots$, r_k 是各不相同的负数, 则有

$$T_{r_k}\cdots T_{r_2}T_{r_1}f(x) = (-1)^{k-1}\sum_{l=1}^{k}\frac{T_{r_l}f(x)}{\tau'_k(r_l)}, \quad x \geqslant 0$$

其中,

$$\tau_k(r) = \prod_{l=1}^{k}(r - r_l)$$

并且, 它的拉普拉斯变化为

$$T_s T_{r_k}\cdots T_{r_2}T_{r_1}f(0) = (-1)^{(k)}\left[\frac{f^*(s)}{\tau_k(s)} - \sum_{l=1}^{k}\frac{f^*(r_l)}{(s - r_l)\tau'_k(r_l)}\right], \quad s \in C$$

引理 1[25]

$$h_{1,\delta}^*(s) - h_{2,\delta}^*(s) = 0 \text{ 有两个相异的实根 } \rho_1, \ \rho_2.$$

引理 2

$$h_{1,\delta}^*(s) - h_{2,\delta}^*(s) = \tau(s)(1 - T_s T_{\rho_1}T_{\rho_2}h_{2,\delta}(0)) \qquad (4.3.35)$$

证明 　由引理 1 可以知道, 有

$$h_{1,\delta}^*(\rho j) = h_{2,\delta}^*(\rho j), \quad j = 1, \ 2$$

由式 (4.3.31) 有 $h_{1,\delta}^*$ 是关于 s 的二阶多项式, 利用拉格朗日差值定理有

$$h_{1,\delta}^*(s) = h_{1,\delta}^*(0)\prod_{k=1}^{2}\frac{s - \rho_k}{-\rho_k} + s\sum_{j=1}^{2}\frac{h_{2,\delta}^*(\rho_j)}{\rho_j}\prod_{j=1, k \neq j}^{2}\frac{s - \rho_k}{\rho_j - \rho_k}$$

从而有

$$h_{1,\delta}^*(s) - h_{2,\delta}^*(s) = h_{1,\delta}^*(0)\frac{\tau(s)}{\tau(0)} + s\sum_{j=1}^{2}\frac{h_{2,\delta}^*(\rho_j)\tau(s)}{\rho_j(s - \rho_j)\tau'(\rho_j)} - h_{2,\delta}^*(s)$$

$$= \tau(s)\left(\frac{h_{1,\delta}^*(0)}{\tau(0)} + \sum_{j=1}^{2}\frac{(s - \rho_j + \rho_j)h_{2,\delta}^*(\rho_j)}{\rho_j(s - \rho_j)\tau'(\rho_j)} - \frac{h_{2,\delta}^*(s)}{\tau(s)}\right)$$

$$= \tau(s)\left(\frac{h_{1,\delta}^*(0)}{\tau(0)} - \sum_{j=1}^{2}\frac{h_{2,\delta}^*(\rho_j)}{-\rho_j\tau'(\rho_j)} + \sum_{j=1}^{2}\frac{h_{2,\delta}^*(\rho_j)}{(s - \rho_j)\tau'(\rho_j)} - \frac{h_{2,\delta}^*(s)}{\tau(s)}\right)$$

$$= \tau(s)\left(\frac{h_{1,\delta}^*(0)}{\tau(0)} - \sum_{j=1}^{2}\frac{h_{2,\delta}^*(\rho_j)}{-\rho_j\tau'(\rho_j)} - T_s T_{\rho_1}T_{\rho_2}h_{2,\delta}(0)\right)$$

其中有

$$\frac{h_{1,\delta}^*(0)}{\tau(0)} - \sum_{j=1}^{2} \frac{h_{2,\delta}^*(\rho_j)}{-\rho_j\tau'(\rho_j)} = \frac{\left(\frac{\lambda+\delta}{c}\right)\left(\frac{2\lambda+\delta}{c}\right)}{\rho_1\rho_2} + \sum_{j=1}^{2} \frac{\left(\frac{\lambda+\delta}{c}-\rho_j\right)\left(\frac{2\lambda+\delta}{c}-\rho_j\right)}{\rho_j\tau'(\rho_j)}$$

$$= \frac{\left(\frac{\lambda+\delta}{c}\right)\left(\frac{2\lambda+\delta}{c}\right)}{\rho_1\rho_2} + \frac{\rho_1\left(\frac{\lambda+\delta}{c}-\rho_2\right)\left(\frac{2\lambda+\delta}{c}-\rho_2\right)}{\rho_1\rho_2(\rho_2-\rho_1)}$$

$$- \frac{\rho_2\left(\frac{\lambda+\delta}{c}-\rho_1\right)\left(\frac{2\lambda+\delta}{c}-\rho_1\right)}{\rho_1\rho_2(\rho_2-\rho_1)}$$

$$= 1$$

上式代入后就得到

$$h_{1,\delta}^*(s) - h_{2,\delta}^*(s) = \tau(s)\left(1 - T_s T_{\rho_1} T_{\rho_2} h_{2,\delta}(0)\right)$$

定理 1　Gerber-Shiu 期折现罚金函数有下面解的形式

$$m_{b,\delta}(v) = \xi_1 m_{1,b,\delta}(v) + \xi_2 m_{2,b,\delta}(v), \ 0 \leqslant v \leqslant b \qquad (4.3.36)$$

其中 $m_{1,b,\delta}(v)$，$m_{2,b,\delta}(v)$ 分别由下面两个式子决定

$$m_{1,b,\delta}(s) = \frac{1}{(s-\rho_1)(s-\rho_2)\left(1 - T_s T_{\rho_1} T_{\rho_2} g_{2,\delta}(0)\right)} \qquad (4.3.37)$$

$$m_{2,b,\delta}(s) = \frac{s - \frac{2\lambda+2\delta}{c} - \frac{\lambda}{c}\left(s - \frac{2\lambda+\delta}{c}\right)\omega_1^*(s) - \frac{\lambda\theta}{c}\left(s - \frac{\delta}{c}\right)\omega_2^*(s)}{(s-\rho_1)(s-\rho_2)\left(1 - T_s T_{\rho_1} T_{\rho_2} g_{2,\delta}(0)\right)}$$

$$\qquad (4.3.38)$$

ξ_1，ξ_2 是下面两个二元线性方程的解

$$\xi_1 m'_{1,b,\delta}(v) + \xi_2 m'_{2,b,\delta}(v) = \frac{\lambda+\delta}{c} - \frac{\lambda}{c}\sigma_1(b) - \frac{\lambda\theta}{c}\sigma_2(b)$$

$$\qquad (4.3.39)$$

$$\xi_1 m''_{1,b,\delta}(v) + \xi_2 m''_{2,b,\delta}(v)$$

$$= \frac{(\lambda+\delta)^2}{c^2} - \frac{\lambda^2+\lambda\delta}{c^2}\sigma_1(b) - \frac{3\lambda^2\theta+\lambda\theta\delta}{c^2}\sigma_2(b) - \frac{\lambda}{c}\sigma'_1(b) - \frac{\lambda\theta}{c}\sigma'_2(b)$$

$$\qquad (4.3.40)$$

其中，

$$\sigma_1(b) = \xi_1 \int_0^b m_{1,b,\delta}(b-x) f_X(x) dx + \xi_2 \int_0^b m_{2,b,\delta}(b-x) f_X(x) dx + \xi_2 \int_b^\infty f_X(x) dx$$

$$\sigma_2(b) = \xi_1 \int_0^b m_{1,b,\delta}(b-x) h_X(x) dx + \xi_2 \int_0^b m_{2,b,\delta}(b-x) h_X(x) dx + \xi_2 \int_b^\infty h_X(x) dx$$

$$\sigma_1'(b) = \left[\xi_1 D \int_0^v m_{1,b,\delta}(v-x) f_X(x) dx + \xi_2 D \int_0^v m_{2,b,\delta}(v-x) f_X(x) dx \right] \Big|_{v=b} + \xi_2 f_X(b)$$

$$\sigma_2'(b) = \left[\xi_1 D \int_0^v m_{1,b,\delta}(v-x) h_X(x) dx + \xi_2 D \int_0^v m_{2,b,\delta}(v-x) h_X(x) dx \right] \Big|_{v=b} + \xi_2 h_X(b)$$

证明 由式(4.3.28)，$m^*_{b,\delta}(s)$ 可以看成关于 $m_{b,\delta}(0)$ 与 $m'_{b,\delta}(0)$ 的线性组合，分别令 $m_{b,\delta}(0) = 0$，$m'_{b,\delta}(0) = 1$ 和 $m_{b,\delta}(0) = 1$，$m'_{b,\delta}(0) = 0$，得到了

$$m^*_{1,b,\delta}(s) = \frac{1}{h^*_{1,\delta}(s) - h^*_{2,\delta}(s)}$$

$$m^*_{2,b,\delta}(s) = \frac{s - \dfrac{2\lambda + 2\delta}{c} - \dfrac{\lambda}{c}\left(s - \dfrac{2\lambda + \delta}{c}\right)\omega_1^*(s) - \dfrac{\lambda\theta}{c}\left(s - \dfrac{\delta}{c}\right)\omega_2^*(s)}{h^*_{1,\delta}(s) - h^*_{2,\delta}(s)}$$

再应用命题 2 即得式(4.3.37)、式(4.3.38)，则存在 ξ_1，ξ_2 使得

$$m^*_{b,\delta}(s) = \xi_1 m^*_{1,b,\delta}(s) + \xi_2 m^*_{2,b,\delta}(s) \tag{4.3.41}$$

从而有

$$m_{b,\delta}(v) = \xi_1 m_{1,b,\delta}(v) + \xi_2 m_{2,b,\delta}(v) \tag{4.3.42}$$

将上式代入边界条件式(4.3.13)、式(4.3.14)，得到了关于 ξ_1，ξ_2 的线性方程(4.3.39)和方程(4.3.40)。由式(4.3.41)可以看出其实 $\xi_1 = m'_{b,\delta}(0)$，$\xi_2 = m_{b,\delta}(0)$。再将式(4.3.42)代入 σ_1，σ_2 的定义即得。

定理 2 定理 1 中 $m_{1,b,\delta}(v)$，$m_{2,b,\delta}(v)$ 有以下更新方程的形式

$$m_{1,b,\delta}(v) = \int_0^v m_{1,b,\delta}(v-x) \eta(x) dx + \frac{e^{\rho_2 v} - e^{\rho_1 v}}{\rho_2 - \rho_1} \tag{4.3.43}$$

$$\xi_2 m_{2,b,\delta}(v) = \int_0^v m_{2,b,\delta}(v-x) \eta(x) dx + \int_0^v f_1(v-x) \omega_1(x) dx +$$

$$\int_0^v f_2(v-x) \omega_2(x) dx + f_3(v) \tag{4.3.44}$$

$$f_1(v) = \frac{\dfrac{\lambda}{c}\left(\dfrac{2\lambda + \delta}{c} - \rho_1\right)}{\rho_1 - \rho_2} e^{\rho_1 v} + \frac{\dfrac{\lambda}{c}\left(\dfrac{2\lambda + \delta}{c} - \rho_2\right)}{\rho_2 - \rho_1} e^{\rho_2 v} \tag{4.3.45}$$

$$f_2(v) = \frac{\dfrac{\lambda\theta}{c}\left(\dfrac{\delta}{c} - \rho_1\right)}{\rho_1 - \rho_2}\mathrm{e}^{\rho_1 v} + \frac{\dfrac{\lambda\theta}{c}\left(\dfrac{\delta}{c} - \rho_2\right)}{\rho_2 - \rho_1}\mathrm{e}^{\rho_2 v} \qquad (4.3.46)$$

$$f_3(v) = \frac{\rho_1 - \dfrac{2\lambda + 2\delta}{c}}{\rho_1 - \rho_2}\mathrm{e}^{\rho_1 v} + \frac{\rho_2 - \dfrac{2\lambda + 2\delta}{c}}{\rho_2 - \rho_1}\mathrm{e}^{\rho_2 v} \qquad (4.3.47)$$

$$\eta(x) = T_{\rho_2}T_{\rho_1}h_{2,\delta}(x) \qquad (4.3.48)$$

且有

$$k = \int_0^\infty \eta(x)\,\mathrm{d}x = T_0 T_{\rho_2} T_{\rho_1} h_{2,\delta}(0) < 0$$

证明　式(4.3.37)、式(4.3.38)可以写成

$$m_{1,b,\delta}^*(s) = \frac{\dfrac{1}{(s - \rho_1)(s - \rho_2)}}{1 - T_s T_{\rho_2} T_{\rho_1} h_{2,\delta}(0)}$$

$$m_{2,b,\delta}^*(s) = \frac{\dfrac{s - \dfrac{2\lambda + 2\delta}{c} - \dfrac{\lambda}{c}\left(s - \dfrac{2\lambda + \delta}{c}\right)\omega_1^*(s) - \dfrac{\lambda\theta}{c}\left(s - \dfrac{\delta}{c}\right)\omega_2^*(s)}{(s - \rho_1)(s - \rho_2)}}{1 - T_s T_{\rho_2} T_{\rho_1} h_{2,\delta}(0)}$$

而　$\dfrac{1}{(s - \rho_1)(s - \rho_2)}$, $\dfrac{\dfrac{\lambda}{c}\left(\dfrac{2\lambda + \delta}{c} - s\right)}{(s - \rho_1)(s - \rho_2)}$, $\dfrac{\dfrac{\lambda\theta}{c}\left(\dfrac{\lambda + \delta}{c} - s\right)}{(s - \rho_1)(s - \rho_2)}$,

$\dfrac{s - \dfrac{2\lambda + 2\delta}{c}}{(s - \rho_1)(s - \rho_2)}$ 的逆变换分别为

$$h_1(v) = \frac{\mathrm{e}^{\rho_2 v} - \mathrm{e}^{\rho_1 v}}{\rho_2 - \rho_1} \qquad (4.3.49)$$

$$f_1(v) = \frac{\dfrac{\lambda}{c}\left(\dfrac{2\lambda + \delta}{c} - \rho_1\right)}{\rho_1 - \rho_2}\mathrm{e}^{\rho_1 v} + \frac{\dfrac{\lambda}{c}\left(\dfrac{2\lambda + \delta}{c} - \rho_2\right)}{\rho_2 - \rho_1}\mathrm{e}^{\rho_2 v} \qquad (4.3.50)$$

$$f_2(v) = \frac{\dfrac{\lambda\theta}{c}\left(\dfrac{\delta}{c} - \rho_1\right)}{\rho_1 - \rho_2}\mathrm{e}^{\rho_1 v} + \frac{\dfrac{\lambda\theta}{c}\left(\dfrac{\delta}{c} - \rho_2\right)}{\rho_2 - \rho_1}\mathrm{e}^{\rho_2 v} \qquad (4.3.51)$$

$$f_3(v) = \frac{\rho_1 - \dfrac{2\lambda + 2\delta}{c}}{\rho_1 - \rho_2}e^{\rho_1 v} + \frac{\rho_2 - \dfrac{2\lambda + 2\delta}{c}}{\rho_2 - \rho_1}e^{\rho_2 v} \qquad (4.3.52)$$

从而有

$$m^*_{1,b,\delta}(s) = \frac{h^*_1(s)}{1 - T_s T_{\rho_2} T_{\rho_1} h_{2,\delta}(0)} \qquad (4.3.53)$$

$$m^*_{2,b,\delta}(s) = \frac{f^*_1(s)\omega^*_1(s) + f^*_2(s)\omega^*_2(s) + f^*_3(s)}{1 - T_s T_{\rho_2} T_{\rho_1} h_{2,\delta}(0)} \qquad (4.3.54)$$

令 $\eta(x) = T_{\rho_2} T_{\rho_1} h_{2,\delta}(x)$, 则有

$$\eta^*(s) = T_0 T_{\rho_2} T_{\rho_1} h_{2,\delta}(0)$$

从而由式(4.3.43)、式(4.3.44)易得

$$k = \int_0^\infty \eta(x)\,\mathrm{d}x = T_0 T_{\rho_2} T_{\rho_1} h_{2,\delta}(0)$$

$$= \frac{h^*_{2,\delta}(0)}{\rho_1 \rho_2} + \sum_{j=1}^{2} \frac{h^*_{1,\delta}(\rho_j)}{\rho_j \tau'(\rho_j)}$$

$$= 1 - \frac{h^*_{1,\delta}(0)}{\tau(0)} + \frac{h^*_{2,\delta}(0)}{\rho_1 \rho_2}$$

$$= 1 - \frac{h^*_{1,\delta}(0) - h^*_{2,\delta}(0)}{\rho_1 \rho_2}$$

$$= 1 - \frac{\delta}{c}\frac{\dfrac{2\lambda + \delta}{c}}{\rho_1 \rho_2} < 1$$

接下来用另一种方式求解 Gerber-Shiu 期望折现罚金函数, 不再进行转化而是直接求解.

$$m_{b,\delta}(u) = E[e^{\delta T_b} I(T_b < \infty) \mid U_b(0) = u],\ u \geqslant 0,\ u \leqslant b$$

$$m_{b,\delta}(u) = m_{b,\delta}(b),\ u > b$$

于是有

$$m_{b,\delta}(u) = E[e^{\delta T_b} I(T_b < \infty) \mid U_b(0) = u]$$

$$= E\left[e^{\delta T_b} I(T_b < \infty)\left(I\left(T_1 \geqslant \frac{u}{c}\right) + I\left(T_1 \leqslant \frac{u}{c}\right)\right) \mid U_b(0) = u\right]$$

$$= e^{-\delta\frac{u}{c}}e^{-\lambda\frac{u}{c}} + \int_0^{\frac{u}{c}}\int_0^\infty e^{-\delta t}f_{X,\,W}(x,\,t)m_{b,\,\delta}(u - ct + x)\,dxdt$$

$$= e^{-\delta\frac{u}{c}}e^{-\lambda\frac{u}{c}} + \lambda\int_0^{\frac{u}{c}}\int_0^\infty e^{-(\lambda+\delta)t}f_X(x,\,t)m_{b,\,\delta}(u - ct + x)\,dxdt$$

$$+ 2\lambda\theta\int_0^{\frac{u}{c}}\int_0^\infty e^{-(2\lambda+\delta)t}h_X(x,\,t)m_{b,\,\delta}(u - ct + x)\,dxdt$$

$$+ \lambda\theta\int_0^{\frac{u}{c}}\int_0^\infty e^{-(2\lambda+\delta)t}h_X(x,\,t)m_{b,\,\delta}(u - ct + x)\,dxdt$$

令

$$\sigma_1(u) = \int_0^\infty m_{b,\,\delta}(u + x)f_X(x)\,dx \tag{4.3.55}$$

$$\sigma_2(u) = \int_0^\infty m_{b,\,\delta}(u + x)h_X(x)\,dx \tag{4.3.56}$$

则有

$$m_{b,\,\delta}(u) = \lambda\int_0^{\frac{u}{c}}e^{-(\lambda+\delta)t}\sigma_1(u - ct)\,dt + 2\lambda\theta\int_0^{\frac{u}{c}}e^{-(2\lambda+\delta)t}\sigma_2(u - ct)\,dt$$

$$- \lambda\theta\int_0^{\frac{u}{c}}e^{-(2\lambda+\delta)t}\sigma_2(u - ct)\,dt + e^{-(\lambda+\delta)\frac{u}{c}} \tag{4.3.57}$$

令

$$u - ct = s$$

则有

$$m_{b,\,\delta}(u) = \frac{\lambda}{c}\int_0^u e^{-(\lambda+\delta)\frac{u-s}{c}}\sigma_1(s)\,ds + \frac{2\lambda\theta}{c}\int_0^{\frac{u}{c}}e^{-(2\lambda+\delta)\frac{u-s}{c}}\sigma_2(s)\,ds$$

$$- \frac{\lambda\theta}{c}\int_0^{\frac{u}{c}}e^{-(2\lambda+\delta)\frac{u-s}{c}}\sigma_2(s)\,ds + e^{-(\lambda+\delta)\frac{u}{c}} \tag{4.3.58}$$

式(4.3.58)对 u 求导，可得到

$$m'_{b,\,\delta}(u) = -\frac{\lambda}{c}\frac{\lambda+\delta}{c}\int_0^u e^{-(\lambda+\delta)\frac{u-s}{c}}\sigma_1(s)\,ds + \frac{2\lambda\theta}{c}\frac{\lambda+\delta}{c}\int_0^{\frac{u}{c}}e^{-(2\lambda+\delta)\frac{u-s}{c}}\sigma_2(s)\,ds$$

$$- \frac{\lambda\theta}{c}\frac{2\lambda+\delta}{c}\int_0^{\frac{u}{c}}e^{-(2\lambda+\delta)\frac{u-s}{c}}\sigma_2(s)\,ds + \frac{\lambda}{c}\sigma_1(u) + \frac{\lambda\theta}{c}\sigma_2(u)$$

$$- \frac{\lambda+\delta}{c}e^{-(\lambda+\delta)\frac{u}{c}} \tag{4.3.59}$$

式(4.3.58)乘以 $\dfrac{\lambda+\delta}{c}$，再加上式(4.3.59)并利用恒等和求导算子得到

$$\left(\frac{\lambda+\delta}{c}I+D\right)m_{b,\delta}(u)=\frac{\lambda}{c}\sigma_1(u)-\frac{2\lambda^2\theta}{c^2}\int_0^u e^{-(2\lambda+\delta)\frac{u-s}{c}}\sigma_2(s)\,ds+\frac{\lambda\theta}{c}\sigma_2(u)$$

$$(4.3.60)$$

定义

$$g_{b,\delta}(u)=\left(\frac{\lambda+\delta}{c}I+D\right)m_{b,\delta}(u)\qquad(4.3.61)$$

上式对 u 求导，得

$$g'_{b,\delta}(u)=\frac{\lambda}{c}\sigma'_1(u)-\frac{2\lambda^2\theta(2\lambda+\theta)}{c^3}\int_0^u e^{-(2\lambda+\delta)\frac{u-s}{c}}\sigma_2(s)\,ds+\frac{\lambda\theta}{c}\sigma'_2(u)-\frac{2\lambda^2\theta}{c}\sigma_2(u)$$

$$(4.3.62)$$

式(4.3.61)乘以 $\dfrac{2\lambda+\theta}{c}$，再加上式(4.3.62)并利用恒等求导算子，可得到

$$\left(\frac{2\lambda+\delta}{c}I+D\right)g_{b,\delta}(u)=\frac{\lambda}{c}\left(\frac{2\lambda+\delta}{c}I+D\right)\sigma'_1(u)+\frac{\lambda\theta}{c}\left(\frac{\delta}{c}I-D\sigma_2(u)\right)$$

$$(4.3.63)$$

代入式(4.3.61)，得

$$\left(\frac{2\lambda+\delta}{c}I+D\right)\left(\frac{\lambda+\delta}{c}I+D\right)m_{b,\delta}(u)=\frac{\lambda}{c}\left(\frac{2\lambda+\delta}{c}I+D\right)\sigma'_1(u)$$
$$+\frac{\lambda\theta}{c}\left(\frac{\delta}{c}I-D\right)\sigma_2(u)$$

$$(4.3.64)$$

令

$$\sigma_1(u)=\int_0^\infty m_{b,\delta}(u+x)f_X(x)\,dx=\alpha_1(u)+\beta_1(u)m_{b,\delta}(b)$$

$$\sigma_2(u)=\int_0^\infty m_{b,\delta}(u+x)h_X(x)\,dx=\alpha_2(u)+\beta_2(u)m_{b,\delta}(b)$$

其中

$$\alpha_1(u)=\int_0^{b-u} m_{b,\delta}(u+x)f_X(x)\,dx\qquad(4.3.65)$$

$$\beta_1(u) = \int_{b-u}^{\infty} f_X(x)\,\mathrm{d}x \tag{4.3.66}$$

$$\alpha_2(u) = \int_0^{b-u} m_{b,\delta}(u+x)h_X(x)\,\mathrm{d}x \tag{4.3.67}$$

$$\beta_2(u) = \int_{b-u}^{\infty} h_X(x)\,\mathrm{d}x \tag{4.3.68}$$

设

$$w_{b,\delta}(z) = m_{b,\delta}(b-z),\ z = b-u,\ 0 \leqslant u \leqslant b,\ \ \text{则有}$$

$$w'_{b,\delta}(z) = -m_{b,\delta}^*(u) \tag{4.3.69}$$

$$\alpha_1(u) = \alpha_1(b-z) = \int_0^z m_{b,\delta}(z-x)f_X(x)\,\mathrm{d}x = \mathrm{H}_1(z) \tag{4.3.70}$$

$$\beta_1(u) = \beta_1(b-z) = \int_z^{\infty} f_X(x)\,\mathrm{d}x = \phi_1(z) \tag{4.3.71}$$

$$\alpha_2(u) = \int_0^z w_b(z-x)h_X(x)\,\mathrm{d}x = \mathrm{H}_2(z) \tag{4.3.72}$$

$$\beta_2(u) = \beta_2(b-z) = \int_z^{\infty} h_X(x)\,\mathrm{d}x = \phi_2(z) \tag{4.3.73}$$

且有

$\mathrm{H}'_i(z) = -\alpha'_i(u)$，$\varphi'_i(z) = -\beta'_i(u)$，$i = 1,2$，将上述关系式代入式 (4.3.64) 就可以得到

$$\left(\frac{2\lambda+\delta}{c}I - D\right)\left(\frac{\lambda+\delta}{c}I - D\right)w_{b,\delta}(z) = \frac{\lambda}{c}\left(\frac{2\lambda+\delta}{c}I - D\right)(\mathrm{H}_1(z) + \varphi_1(z)w_{b,\delta}(0))$$
$$+ \frac{\lambda\theta}{c}\left(\frac{\delta}{c}I - D\right)(\mathrm{H}_2(z) + \varphi2(z)w_{b,\delta}(0)) \tag{4.3.74}$$

式 (4.3.74) 与式 (4.3.12) 一致，关于边界条件易得，两者相同，从而用这两种方法均可得到期望折现罚金函数.

第5章 Erlang(2)模型在多发点过程上的推广

随着现代保险业务和其他行业结合得越来越紧密,古典风险模型的实用性受到极大的挑战.为了更贴近实际,本书将古典风险模型进行两方面变形和推广,一是假定模型发生的一次"跳"对应多次索赔,二是假定索赔时间间隔服从 Erlang 分布,而后对新模型进行研究且得到一些有意义的结论.

§5.1 新模型的提出

首先给出古典风险模型的形式:

$$U_1(t) = u + ct - \sum_{k=1}^{N(t)} Z_k, \quad t \geqslant 0, \tag{5.1.1}$$

其中,$U_1(t)$ 表示公司在 t 时刻的资产盈余,c 为单位时间内的保费收入,$N(t)$ 是到 t 时刻为止索赔发生的次数,Z_k 表示第 k 次的索赔额,计数过程 $\{N(t)\}_{t \geqslant 0}$ 是强度为 λ 的 Poisson 过程,随机序列 $\{Z_k\}_{k \geqslant 1}$ 是独立同分布的正随机序列,且 $\{N(t)\}_{t \geqslant 0}$ 与 $\{Z_k\}_{k \geqslant 1}$ 相互独立;为了保证破产概率小于1,假设 $c/\lambda > E(Z_1)$.

以下是对古典模型的变形与推广:

(1)古典模型认为一次"跳"对应的是一次索赔,而在现实生活中许多情况没有此限制,即在同一时间可能发生多次索赔(常见于汽车保险、火灾保险等).因此,本书考虑模型的一次"跳"对应多次索赔的情况,称之为"多发"点过程.在 2007 年薛英[34]对其定义并给出了详细解释.

记多发点过程为 $\{R(t)\}_{t \geqslant 0}$,其对应的一个一般点过程记为 $N_R(t)$.下面考虑一类特殊的多发点过程,即不同点的重数是独立同分布的取正整数值的

随机变量 $\{K_i\}_{i=1,2,\cdots}$，且与 $N_R(t)$ 相互独立，此时 $R(t)$ 可以表示成

$$R(t) = K_1 + K_2 + \cdots + K_{N_R(t)} = \sum_{i=1}^{N_R(t)} K_i, \quad t \geq 0. \tag{5.1.2}$$

用 $R(t)$ 表示保险公司到时刻 t 为止的索赔次数，可以得到模型(5.1.1)的推广形式：

$$U_2(t) = u + ct - \sum_{k=1}^{R(t)} Z_k, \quad t \geq 0 \tag{5.1.3}$$

将式(5.1.2)代入上式，有

$$U_2(t) = u + ct - \sum_{k=1}^{\sum_{i=1}^{N_R(t)} K_i} Z_k, \quad t \geq 0, \tag{5.1.4}$$

此时设 $ct - EN_R(t) \cdot EZ_1 \cdot EK_1 > 0$.

(2)古典风险模型中假定索赔时间间隔服从指数分布，而作为指数分布的广义 Erlang 分布近些年来在精算领域也经常用到. 在本章中，假设索赔发生的时间间隔服从 Erlang(2)分布的情况.

与古典风险模型一样，假设索赔发生之间的时间间隔为独立同分布的随机变量，记作 $\{T_m\}_{m=1,2,\cdots}$，且其密度函数为

$$\omega(t) = \beta^2 t e^{-\beta t}, \quad t > 0 \tag{5.1.5}$$

即服从 Erlang$(2, \beta)$ 分布.

§5.2　预备知识

5.2.1　模型的转化

对于模型(5.1.4)，需要将其转化成与模型(5.1.1)类似的形式. 引入随机变量 $X_m = \sum_{i=1}^{K_n} Z_{\sum_{j=1}^{m-1} K_j + i}$，则此时式(5.1.4)可转化为

$$U_3(t) = u + ct - \sum_{k=1}^{N_R(t)} X_k, \quad t \geq 0. \tag{5.2.1}$$

此时模型(5.2.1)与模型(5.1.1)在形式上完全一致，还需考虑 $\{X_m\}_{m=1,2,\cdots}$ 是否独立同分布. 任取正整数 m，n，满足 $1 \leq m < n$，令

$g(t_m)$, $g(t_n)$ 分别表示 X_m, X_n 的特征函数, $g(t_m, t_n)$ 表示 (X_m, X_n) 的特征函数. 由 $\{K_i\}_{i=1,2,\cdots}$ 和 $\{Z_k\}_{k \geqslant 1}$ 的独立同分布性, 根据薛英(2007)[34], 可知

$$g(t_m, t_n) = E[\exp\{it_m X_m + it_n X_n\}]$$

$$= E\left[\exp\left\{it_m \sum_{k=1}^{K_m} Z_{\sum_{j=1}^{m-1} K_j + k}\right\} \cdot \exp\left\{it_n \sum_{l=1}^{K_n} Z_{\sum_{j=1}^{n-1} K_j + l}\right\}\right]$$

$$= E\left[E\left[\exp\left\{it_m \sum_{k=1}^{K_m} Z_{\sum_{j=1}^{m-1} K_j + k}\right\} \cdot \exp\left\{it_n \sum_{l=1}^{K_n} Z_{\sum_{j=1}^{m-1} K_j + K_m + \sum_{k=m+1}^{n-1} K_k + l}\right\} \mid \sum_{j=1}^{m-1} K_j, K_m, \sum_{k=m+1}^{n-1} K_k, Z_1, \cdots, Z_{\sum_{j=1}^{m} K_j}\right]\right]$$

$$= E\left[\exp\left\{it_m \sum_{k=1}^{K_m} Z_{\sum_{j=1}^{m-1} K_j + k}\right\} \cdot E\left[\exp\left\{it_n \sum_{l=1}^{K_n} Z_{\sum_{j=1}^{m-1} K_j + K_m + \sum_{k=m+1}^{n-1} K_k + l}\right\} \mid \sum_{j=1}^{m-1} K_j, K_m, \sum_{k=m+1}^{n-1} K_k, Z_1, \cdots, Z_{\sum_{j=1}^{m} K_j}\right]\right]$$

$$= E\left[\exp\{it_m X_m\} E\left[\exp\left\{it_n \sum_{l=1}^{K_n} Z_l\right\} \mid \sum_{j=1}^{m-1} K_j, K_m, \sum_{k=m+1}^{n-1} K_k, Z_1, \cdots, Z_{\sum_{j=1}^{m} K_j}\right]\right]$$

$$= E\left[\exp\{it_m X_m\} E\left[\exp\left\{it_n \sum_{l=1}^{K_n} Z_l\right\}\right]\right]$$

$$= g(t_m) \cdot E\left[E\left[\exp\left\{it_n \sum_{l=1}^{K_n} Z_l\right\} \mid \sum_{j=1}^{n-1} K_j\right]\right]$$

$$= g(t_m) \cdot E\left[E\left[\exp\left\{it_n \sum_{l=1}^{K_n} Z_{\sum_{j=1}^{n-1} K_j + l}\right\} \mid \sum_{j=1}^{n-1} K_j\right]\right]$$

$$= g(t_m) \cdot E[E\{\exp\{it_n X_n\}]$$

$$= g(t_m) \cdot g(t_n).$$

由以上结论可知 $\{X_m\}_{m=1,2,\cdots}$ 具有独立同分布的性质, 并有共同的分布函数. 记 P_X 为随机变量 X_m 的分布函数, 则有

$$P_X(x) = P\left(\sum_{k=1}^{K_1} Z_k < x\right)$$

$$= E\left[P\left\{\sum_{k=1}^{K_1} Z_k < x \mid K_1\right\}\right]$$

$$= E P_Z^{K_1^*}(x)$$

$$= \sum_{k=1}^{\infty} p_k \cdot P_Z^{k^*}(x),$$

其中 $P_Z^k(x)$ 为分布函数 $P_Z(x)$ 的 k 重卷积.

因此在已知 $\{X_m\}_{m=1, 2, \cdots}$ 独立同分布,索赔时间间隔 $\{T_m\}_{m=1, 2, \cdots}$ 相互独立,且服从 Erlang(2)分布时,可知 $\{N_R(t)\}_{t \geqslant 0}$ 为一般更新过程.

5.2.2 符号介绍

记 T 为破产时刻,则有

$$T = \begin{cases} \inf\{t \mid U(t) < 0\} \\ \infty, \quad \text{if } U(t) \geqslant 0 \text{ for all } t > 0 \end{cases},$$

则初始盈余为 u 的破产概率可定义为

$$\psi(u) = \Pr(T < \infty \mid U(0) = u).$$

同时,定义 Gerber-Shiu 函数

$$\phi(u) = E[e^{-\delta t} \omega(U(T-), \mid U(T) \mid) I_{\{T < \infty\}} \mid U(0) = u]$$

其中 $\omega(a, b)$ 为二元可测函数,也成"罚金函数",$I_{\{\cdot\}}$ 为示性函数,δ 为非负参数. 可知当 $\delta = 0$,$\omega(a, b) \equiv 1$ 时,有 $\phi(u) = \psi(u)$. 并且有

$$(-1)^k \frac{d^k}{d\delta^k} \phi(u) \mid_{\delta=0, w=1} = E[T^k I_{\{T < \infty\}} \mid U(0) = u] \qquad (5.2.2)$$

由此可得到破产时刻 T 各阶矩的表达式.

在此还需介绍一类特殊算子——Dickson 算子(Dickson &Hipp (2001)[36]),记之为 T_r,且 $\text{Re}(r) > 0$. 对于任意实值可积函数 f 可定义为

$$T_r f(x) = \int_x^\infty e^{-r(y-x)} f(y) \, dy, \qquad (5.2.3)$$

且其满足如下性质:

(1) $T_r f(0) = \int_0^\infty e^{-rx} f(y) \, dy = \hat{f}(r)$,其中 $\hat{f}$ 为 f 的 Laplace 变换,下同;

(2) 记 $r_1, r_2, \cdots, r_n$ 为互异的复数,则

$$T_{r_n} \cdots T_{r_2} T_{r_1} f(x) = \sum_{l=1}^n \frac{T_{r_l} f(x)}{\eta(r_l)}, \quad x > 0, \qquad (5.2.4)$$

其中 $\eta(r_l) = \prod_{j \neq l}(r_j - r_l)$.

最后,介绍相位分布(Phase-Type Distribution). 本章假定索赔时间间隔

$T_m(m = 1, 2, \cdots) \sim PH(a, B)$，其中 $B = (b_{i,j})_{i,j=1}^n$ 是一个 $n \times n$ 矩阵，且 $b_{i,i} < 0$，$b_{i,j} \geq 0 (i \neq j)$，对任意 $i = 1, 2, \cdots, n$，有 $\sum_{j=1}^n b_{i,j} \leq 0$，又有 $a = (a_1, a_2, \cdots, a_n)$，其中 $\sum_{i=1}^n a_i = 1$. 可知对于一个有 $n+1$ 个状态(其中这一为吸收态)的连续时间马氏链 $\{J(t)\}_{t \geq 0}$，索赔时间间隔 $\{T_m\}_{m=1,2,\cdots}$ 对应其被吸收的所需时间. 其中 $\{J(t)\}_{t \geq 0}$ 的状态空间为 $\{1, 2, \cdots, n, n+1\} = E \cup \{n = 1\}$，且初始分布为 $(a_1, a_2, \cdots, a_n, 0)$，则 $\{J(t)\}_{t \geq 0}$ 对应的强度矩阵是 $\begin{pmatrix} B & b^T \\ 0 & 0 \end{pmatrix}$，其中 $b = -Bg^T$，g 为元素均是 1 的 $1 \times n$ 阶矩阵. 关于相位分布及其性质的更多介绍，可参考 Neuts(1981)[41] 和 Asmussen(1992)[35].

§5.3 模型的 Gerber-Shiu 函数

5.3.1 Erlang(n)模型的有关结论

在以上的定义基础上，本节首先介绍一些关于 Erlang(n)模型已有的结论[4][36](Dickson & Hipp, 1998；Dickson & Hipp, 2001). 这里考虑广义 Erlang(n)分布，即 Erlang(n)分布可等价于 n 个相互独立的、参数分别为 λ_1，λ_2，$\cdots$，λ_n 的指数分布的和.

关于 Gerber-Shiu 函数的积分-微分方程如下：

$$\gamma(D)\phi(u) = \int_0^u \phi(u-x)p(x)\mathrm{d}x + \int_u^\infty w(u, x-u)p(x)\mathrm{d}x, \quad u > 0,$$

$$(5.3.1)$$

其中 $\gamma(D) = \prod_{l=1}^n \left[\left(1 + \dfrac{\delta}{\lambda_l}\right)I - \dfrac{c}{\lambda_l}D\right]$，$I$ 为单位算子，D 为微分算子.

接着，令

$$\varpi(u) = \int_u^\infty w(u, x-u)p(x)\mathrm{d}x = \int_0^\infty w(u, y)p(u+y)\mathrm{d}y \quad (5.3.2)$$

则式(5.3.1)可简记为

$$\gamma(D)\phi = \phi * p + \varpi. \tag{5.3.3}$$

对上式进行 Laplace 变换，整理得

$$\hat{\phi}(s) = \frac{\hat{\varpi}(s) - q(s)}{\gamma(s) - \hat{p}(s)}, \quad \mathrm{Re}(s) \geqslant 0, \tag{5.3.4}$$

其中, $q(s)$ 为不多于 $n-1$ 阶的多项式.

其对应的 Lundberg 基本方程为

$$\gamma(s) - \hat{p}(s) = 0, \tag{5.3.5}$$

其中 $\gamma(s)$ 与上述 $\gamma(D)$ 类似, 可写为 $\gamma(s) = \prod\limits_{i=1}^{n}\left[\left(1 + \dfrac{\delta}{\lambda_i}\right) - \dfrac{c}{\lambda_i}s\right]$. 关于方程(5.3.5)的根, Li 和 Garrido (2004)[40]证明了如下结论:

定理 1 对于 $\delta > 0$, $n \in N^*$, Lundberg 方程的所有根中有 n 个(记为 r_1, r_2, $\cdots$, r_n)实部大于 0, 即 $\mathrm{Re}(r_i) > 0$:

(1)若 n 为奇数, 仅存在一个实根, 记为 r_1, 而另外 $n-1$ 个根来自共轭复数对;

(2) 若 n 为偶数, 方程存在两个实根, 记为 r_1, r_2, 且 $0 < r_1 < \dfrac{\beta + \delta}{c} < r_2$, 而另外 $n-2$ 个根来自共轭复数对.

(注: 若 p 满足充分正则性, 则方程存在一个负根, 记为 $-R$, 且当 $\delta = 0$ 时, 称 $R(> 0)$ 为调节系数.)

当初始余额 $u = 0$ 时, 函数 $\phi(0)$ 有如下表示

$$\phi(0) = \frac{\lambda_1 \lambda_2 \cdots \lambda_n}{c^n} \sum_{i=1}^{n} \hat{\varpi}(r_i) \prod_{j=1, j \neq i}^{n} \frac{1}{r_j - r_i} \tag{5.3.6}$$

由式(5.3.2), ϖ 的 Laplace 变换为

$$\hat{\varpi}(s) = \int_0^\infty \int_0^\infty e^{-sx} w(x, y) p(x + y) \mathrm{d}x\mathrm{d}y \tag{5.3.7}$$

在已知 $\phi(0)$ 表达式的情况下, 可推导出关于 Gerber-Shiu 函数的更新方程为

$$\phi = \phi * (Sp) + S\varpi, \tag{5.3.8}$$

其中算子 S 的定义为

$$S = \frac{\lambda_1 \lambda_2 \cdots \lambda_n}{c^n} \prod_{l=1}^{n} T_{r_l}. \tag{5.3.9}$$

该更新方程的解可表示为

$$\phi = \sum_{d=0}^{\infty} (Sp)^{d*} * (S\varpi). \tag{5.3.10}$$

5.3.2 Erlang(2, β) 分布下的结果表达

由上面关于 Erlang(n) 模型的结论, 当 $n = 2$, 且 $\lambda_1 = \lambda_2 = \beta$ 时, 容易得到模型在索赔时间间隔服从 Erlang(2, β) 分布时的一些显性表达式.

方程(5.3.1)可写为

$$\left[\left(1 + \frac{\delta}{\beta}\right)I - \frac{c}{\beta}D\right]^2 \phi(u) = \int_0^u \phi(u-x)p(x)\mathrm{d}x + \int_u^\infty w(u, x-u)p(x)\mathrm{d}x, \ u > 0,$$

整理等式, 有

$$c^2 \frac{d^2}{du^2}\phi(u) - 2(\beta+\delta)c\frac{d}{du}\phi(u) + (\beta+\delta)^2\phi(u)$$

$$= \beta^2 \left(\int_0^u \phi(u-x)p(x)\mathrm{d}x + \int_u^\infty w(u, x-u)p(x)\mathrm{d}x\right), \quad u > 0.$$

$$\tag{5.3.11}$$

当罚金函数 $w(a, b) \equiv 1$ 时, 上式即为 Dickson 和 Hipp (2001)在论文 Ruin Probabilities for Erlang(2) risk Process 中的式(5.2.1).

此时, Lundberg 基本方程可以记为

$$\left(1 + \frac{\delta}{\beta} + \frac{c}{\beta}s\right)^2 - \hat{p}(s) = 0$$

对其整理, 有

$$c^2 s^2 - 2(\beta+\delta)cs + (\beta+\delta)^2 = \beta^2\hat{p}(s) \tag{5.3.12}$$

且在复平面的右半平面, 方程(5.3.12)存在两个根 r_1, r_2.

此时,

$$\phi(0) = \frac{\beta^2}{c^2} \sum_{i=1}^{2} \hat{\varpi}(r_i) \prod_{j=1, j\neq i}^{2} \frac{1}{r_j - r_i}$$

$$= \frac{\beta^2}{c^2(r_2 - r_1)}(\hat{\varpi}(r_1) - \hat{\varpi}(r_2)) \tag{5.3.13}$$

关于 Gerber-Shiu 函数的更新方程，由式(5.3.9)可得

$$Sf = \frac{\beta^2}{c^2} T_{r_1} T_{r_2} f(x) = \frac{\beta^2}{c^2(r_2 - r_1)}(T_{r_1}f(x) - T_{r_2}f(x)) \tag{5.3.14}$$

此时更新方程可整理为

$$\phi(u) = \frac{\beta^2}{c^2(r_2 - r_1)}\Big[\int_0^u \phi(u-x)[T_{r_1}p(x) - T_{r_2}p(x)]dx + T_{r_1}\varpi(u) - T_{r_2}\varpi(u)\Big]$$

$$\tag{5.3.15}$$

5.3.3　多发点过程中在特殊情形下的 Gerber-Shiu 函数

由本章第 1 节可知，通过模型转化，多发点过程是一般的更新过程，那么本研究考虑的索赔时间间隔服从 Erlang(2)分布的多发点过程风险模型，则可依据以上古典风险模型的结论推导特殊的"多发"点模型关于 Gerber-Shiu 函数的一些结论.

假定单次索赔额 Z_i 服从参数为 α 的指数分布，即其密度函数为 $p_Z(z) = \alpha e^{-\alpha z}(z > 0)$；发生一次"跳"对应的索赔重数 M_i 服从两点分布 $\begin{pmatrix} 1 & 2 \\ p & q \end{pmatrix}$；罚金函数 $w(x, y) \equiv 1$；这里为保证破产概率小于 1，假定 $2c/\lambda > E(Z_1)$.

1. Gerber-Shiu 函数更新方程的推导

在以上假设下，X_i 的密度函数为

$$p_X(x) = (p + q\alpha x)\alpha e^{-\alpha x} \quad (x > 0) \tag{5.3.16}$$

则上式的 Laplace 变换为

$$\hat{p}_X(s) = \frac{\alpha^2 + ps\alpha}{(\alpha + s)^2} \quad (\text{Re}(s) \geq 0) \tag{5.3.17}$$

此时 X_i 的分布函数可表示为

$$P_X(x) = 1 - \mathrm{e}^{-\alpha x} - q\alpha x \mathrm{e}^{-\alpha x} \quad (x > 0) \quad (5.3.18)$$

且由式(5.3.2)，可把 $\varpi(u)$ 表示为

$$\varpi(u) = \int_u^\infty p(x)\mathrm{d}x = \mathrm{e}^{-\alpha u} + q\alpha u \mathrm{e}^{-\alpha u} \quad (5.3.19)$$

其 Laplace 变换为

$$\hat{\varpi}(s) = \int_0^\infty \int_0^\infty \mathrm{e}^{-sxp} p(x+y)\mathrm{d}x\mathrm{d}y$$

$$= \frac{s + (1+q)\alpha}{(s+\alpha)^2} \quad (5.3.20)$$

将式(5.3.16)代入式(5.3.11)中，则可知 $\phi(u)$ 满足的积分–微分方程为

$$c^2 \frac{\mathrm{d}^2}{\mathrm{d}u^2}\phi(u) - 2(\beta+\delta)c\frac{\mathrm{d}}{\mathrm{d}u}\phi(u) + (\beta+\delta)^2\phi(u) = \beta^2 \int_0^u \phi(u-x)(p +$$

$q\alpha x)\alpha\mathrm{e}^{-\alpha x}\mathrm{d}x + \beta^2(\mathrm{e}^{-\alpha u} + q\alpha u \mathrm{e}^{-\alpha u})$，化简得：

$$c^2 \frac{\mathrm{d}^2}{\mathrm{d}u^2}\phi(u) - 2(\beta+\delta)c\frac{\mathrm{d}}{\mathrm{d}u}\phi(u) + (\beta+\delta)^2\phi(u)$$

$$= \beta^2 \mathrm{e}^{-\alpha u}\left[\alpha \int_0^u \phi(x)(p + q\alpha(u-x))\mathrm{e}^{\alpha x}\mathrm{d}x + 1 + qu\alpha\right], \quad u > 0.$$

$$(5.3.21)$$

此时的 Lundberg 基本方程为

$$c^2 s^2 - 2(\beta+\delta)cs + (\beta+\delta)^2 = \beta^2 \frac{(\alpha^2 + \alpha ps)}{(\alpha+s)^2}, \quad (5.3.22)$$

将其化成多项式方程为：

$$c^2 s^4 + [2\alpha c^3 - 2(\beta+\delta)c]s^3 + [(\beta+\delta)2 - 4\alpha(\beta+\delta)c + \alpha^2 c^2]s^2$$

$$+ [(c+1)(\beta+\delta)2 - \alpha p\beta^2 - 2\alpha^2(\beta+\delta)c]s - \alpha^2\beta^2 q = 0.$$

$$(5.3.23)$$

由 5.2 节中定理可知，上式必存在两个正实根 r_1，r_2.

当初始余额为 $u = 0$ 时，此时简化的 Gerber-Shiu 函数 $\phi(0)$ 的表达式为

$$\phi(0) = \frac{\beta^2}{c^2(r_2 - r_1)}(\hat{\varpi}(r_1) - \hat{\varpi}(r_2))$$

$$= \frac{\beta^2}{c^2} \cdot \frac{r_1 r_2 + (2+q)(r_1 + r_2)\alpha + (1+2q)\alpha^2}{(r_1 + \alpha)^2(r_2 + \alpha)^2} \tag{5.3.24}$$

并且，Gerber-Shiu 函数 $\phi(u)$ 的更新方程形式为

$$\phi(u) = \frac{\beta^2}{c^2(r_2 - r_1)}\left[\int_0^u \phi(u-x)[T_{r_1}p(x) - T_{r_2}p(x)]dx + T_{r_1}\varpi(u) - T_{r_2}\varpi(u)\right],$$

其中，

$$T_{r_i}p(x) = \left[\frac{p + q\alpha x}{\alpha + r_i} + \frac{q\alpha}{(\alpha + r_i)^2}\right]\alpha e^{-\alpha r_i}, \quad i = 1, 2 \tag{5.3.25}$$

$$T_{r_i}\varpi(x) = \left[\frac{1 + q\alpha x}{\alpha + r_i} + \frac{q\alpha}{(\alpha + r_i)^2}\right]e^{-\alpha r_i}, \quad i = 1, 2. \tag{5.3.26}$$

以上我们给出了 Gerber-Shiu 函数的更新方程，但是在实际企业运营中往往更关注的是关于破产 T 时刻的信息，下面我们将推导 T 的一阶、二阶矩的有关结论.

2. 破产 T 时刻的矩

基于之前的假设 $w(a, b) \equiv 1$，此时 Gerber-Shiu 函数可简化为

$$\phi(u) = E[e^{-\delta T}1_{\{T<\infty\}} | U(0) = u] \tag{5.3.27}$$

则式(5.2.2)可表达为

$$E[T^k 1_{\{T<\infty\}} | U(0) = u] = (-1)^k \frac{d^k}{d\delta^k}\phi(u)\big|_{\delta=0} \tag{5.3.28}$$

这里先证明一个结论：$\phi(u) = \frac{(\alpha + R_1)^2}{\alpha^2 + pR_1\alpha}e^{R_1 u} + \frac{(\alpha + R_2)^2}{\alpha^2 + pR_2\alpha}e^{R_2 u}$，其中 R_1，R_2 为

Lundberg 基本方程 $c^2 s^2 - 2(\beta + \delta)cs + (\beta + \delta)^2 = \beta^2\frac{\alpha^2 + \alpha ps}{(\alpha + s)^2}$ 实部不大于 0 的两根.

证明　对于 Lundberg 基本方程(5.3.22)，根据 5.1 节中基本方程的有关

定理，将其根记为 r_1，r_2，R_1，R_2，其中 r_1，r_2 为正实根，R_1 是实部不大于 0 的复数，R_2 为其负实根.

参考 Dickson 和 Hipp(2001)[4]，由分析可知以上 Lundberg 基本方程 4 个根也满足于

$$c^2 \frac{\mathrm{d}^2}{\mathrm{d}u^2}\phi(u) - 2(\beta+\delta)c\frac{\mathrm{d}}{\mathrm{d}u}\phi(u) + (^{\beta}+\delta)2\phi(u)$$

$$= \beta e^{-\alpha u}\left[\alpha\int_0^u \phi(x)(p+q\alpha(u-x)e^{\alpha x}\mathrm{d}x + 1 + qu\alpha\right], \quad u > 0$$

等价的四阶微分方程的特征方程，即

$$\phi(u) = \kappa_1 e^{R_1 u} + \kappa_2 e^{R_2 u} + \kappa_3 e^{r_1 u} + \kappa_4 e^{r_2 u} \tag{5.3.29}$$

由于当 $u \to \infty$ 时有 $\phi(u) \to 0$，则系数 κ_3，κ_4 均为 0，且 $\kappa_1 + \kappa_2 = \phi(0)$，此时，式(5.3.29)可写为

$$\phi(u) = \kappa_1 e^{R_1 u} + \kappa_2 e^{R_2 u} \tag{5.3.30}$$

将其代入式(5.3.23)中. 因为 R_1，R_2 为 Lundberg 基本方程(5.3.22)的根，则有

$$c^2 R_i^2 - 2(\beta+\delta)cR_i + (\beta+\delta)^2 = \beta^2\frac{\alpha^2+\alpha ps}{(\alpha+s)^2} \quad (i=1,2) \tag{5.3.31}$$

结合式(5.3.21)、式(5.3.30)、式(5.3.31)，计算有

$$\kappa_i = \frac{(\alpha+R_1)^2}{\alpha^2+pR_1\alpha} \quad (i=1,2) \tag{5.3.32}$$

$$\phi(0) = \frac{(\alpha+R_1)^2}{\alpha^2+pR_1\alpha} + \frac{(\alpha+R_2)^2}{\alpha^2+pR_2\alpha} \tag{5.3.33}$$

将其代入式(5.3.30)中，有

$$\phi(u) = \frac{(\alpha+R_1)^2}{\alpha^2+pR_1\alpha}e^{R_1 u} + \frac{(\alpha+R_2)^2}{\alpha^2+pR_2\alpha}e^{R_2 u} \tag{5.3.34}$$

证毕.

为了强调模型依赖于 δ，我们记 $R_i = R_{i\delta}$ $(i=1,2)$. 根据结论(5.3.34)，

可知

$$\frac{\mathrm{d}}{\mathrm{d}\delta}\phi(u) = \sum_{i=1}^{2} \frac{[2(\alpha + R_{i\delta})R'_{i\delta} + u(\alpha + R_{i\delta})^2 R'_{i\delta}]\mathrm{e}^{R_{i\delta}u}(\alpha^2 + p\alpha R_{i\delta}) - p\alpha R'_{i\delta}(\alpha + R_{i\delta})\mathrm{e}^{R_{i\delta}u}}{(\alpha^2 + p\alpha R_{i\delta})^2}$$

(5. 3. 35)

其中，"′"表示关于 δ 的一阶微分.

这里将基本方程(5. 3. 22)写为

$$c^2 s^2 - 2\beta cs + \beta^2 \left[1 - \frac{\alpha(\alpha + ps)}{(\alpha + s)^2}\right] = 0$$

(5. 3. 36)

且此时 Lundberg 基本方程(5. 3. 22)可记为

$$c^2 R_{i\delta}^{\ 2} - 2(\beta + \delta)cR_{i\delta} + (\beta + \delta)^2 = \beta^2 \frac{\alpha^2 + \alpha p R_{i\delta}}{(\alpha + R_{i\delta})^2} \quad (i = 1,\ 2)$$

(5. 3. 37)

上式两边关于 δ 求导，得

$$2c^2 R_{i\delta} R'_{i\delta} - 2(\beta + \delta)cR'_{i\delta} + 2cR_{i\delta} + (\beta + \delta)$$

$$= \beta^2 \frac{\alpha p R'_{i\delta}(\alpha + R_{i\delta})^2 - 2(\alpha + R_{i\delta})R'_{i\delta}(\alpha + \alpha p R_{i\delta})}{(\alpha + R_{i\delta})^4}$$

(5. 3. 38)

令 $\delta = 0$，可得

$$R'_{i0} = \frac{2(cR_{i0} + \beta)}{\beta^2(\alpha + R_{i0})^{-4}[\alpha p(\alpha + R_{i0})^2 + 2(\alpha + R_{i0})(\alpha^2 + \alpha p R_{i0})] - 2(c^2 R_{i0} + \beta c)},$$

$$(i = 1,2)$$

(5. 3. 39)

另一方面，由 $\phi(u) = \dfrac{(\alpha + R_1)^2}{\alpha^2 + pR_1\alpha}\mathrm{e}^{R_1 u} + \dfrac{(\alpha + R_2)^2}{\alpha^2 + pR_2\alpha}\mathrm{e}^{R_2 u}$，可知破产概率 $\Psi(u)$ 可

以表示为：

$$\Psi(u) = \frac{(\alpha + R_{10})^2}{\alpha^2 + pR_{10}\alpha}\mathrm{e}^{R_{10}u} + \frac{(\alpha + R_{20})^2}{\alpha^2 + pR_{20}\alpha}\mathrm{e}^{R_{20}u}$$

(5. 3. 40)

由条件概率公式，破产时刻 T 的一阶条件矩 $E(T \mid (T < \infty \mid U(0) = u)$ 可表达

为

$$E(T \mid (T < \infty \mid U(0) = u)) = \frac{E(T \cdot 1\{T < \infty\} \mid U(0) = u)}{E(1\{T < \infty\} \mid U(0) = u)}$$

$$= \frac{(-1)\frac{\mathrm{d}}{\mathrm{d}\delta}\phi(u)\mid_{\delta=0}}{\psi(u)} \qquad (5.3.41)$$

同理, T 的二阶条件矩 $E(T^2 \mid (T < \infty \mid U(0) = u))$ 可表达为

$$E(T^2 \mid (T < \infty \mid U(0) = u)) = \frac{\frac{\mathrm{d}^2}{\mathrm{d}\delta^2}\phi(u)\mid_{\delta=0}}{\psi(u)} \qquad (5.3.42)$$

因此, 我们可以通过上述步骤计算破产时刻的一阶和二阶矩的表达式, 其中式(5.3.41)和式(5.3.42)中涉及的参数 R_{i0} 可由方程(5.3.36)解出, R'_{i0} 可由式(5.3.39)求出, R'_{i0} 可由式(5.3.38)对 δ 求导得出.

这里令 $u = 10$, $\alpha = 1$, $p = q = \frac{1}{2}$ 时, 当 c 取不同值时, 可以给出破产概率以及破产时刻的均值和方差的情况.

图 5.1 为保费率 $c \in [0.75, 3]$, 相应破产概率 $\psi(u)$ 及 $\ln(\psi(u))$ 的曲线图, 可以看到当保费率超过 1.5 时, 破产概率几乎为 0. 在以上假定条件下破产概率 $\psi(10)$ 及 $T \mid (T < \infty \mid U(0) = 10)$ 的期望与方差见表 5.1.

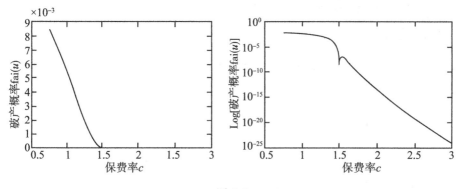

图 5.1

表 5.1

c	$\psi(10)$	$E(T \mid (T < \infty \mid U(0) = 10))$	$\mathrm{Var}(T \mid (T < \infty \mid U(0) = 10))$
1.1	0.0071	6.931×10^{-7}	1.785×10^{15}
1.3	0.0022	2.910×10^{-7}	8.324×10^{14}
1.5	6.37×10^{-9}	2.056×10^{-7}	5.447×10^{14}

由以上图表可知, 破产概率和破产时刻 T 的期望和方差都是随保费率增加而下降的. 我们知道, 当增加保费率时, 破产概率会随之减小, 而由表 5.1 结果可知, 一旦破产发生, $c = 1.5$ 相对于 $c = 1.1$ 的情况破产可能会发生得更早.

§5.4 盈余首次达到特定水平的时刻

对于 $b \geqslant u$, 定义盈余首次达到水平 b 的时刻

$$T_b = \min\{t \geqslant 0: U(t) = b\} \tag{5.4.1}$$

并且对任意 $\delta > 0$, 定义其 Laplace 变换为

$$G(u; b) = E[\mathrm{e}^{-\delta T_b} \mid U(0) = u] \tag{5.4.2}$$

进一步富庶在初始状态为 i 初始盈余为 u, 盈余过程达到水平 b 时状态为 j 的情况下 T_b 的 Laplace 变换为

$$G_{i,j}(u; b) = E_i[\mathrm{e}^{-\delta T_b} I(J(T_b = j)) \mid U(0) = u], \quad i, j = 1, 2, \cdots, n \tag{5.4.3}$$

则 $G(u; b)$ 可计算为

$$G(u; b) = \boldsymbol{a} (G_{i,j}(u; b))_{i,j=1}^{n} \boldsymbol{g}^{\mathrm{T}} \tag{5.4.4}$$

其中 $\boldsymbol{a}$ 和 $\boldsymbol{g}$ 为 5.2 节中介绍的向量.

可知在索赔时间间隔服从 Erlang(n) 分布下对应相位分布的参数可记为 $\boldsymbol{a} = (1, 0, 0, \cdots, 0)$, $\boldsymbol{g} = (0, 0, 0, \cdots, \lambda_n)$, 且

$$\boldsymbol{B} = \begin{bmatrix} -\lambda_1 & \lambda_1 & 0 & \cdots & 0 \\ 0 & -\lambda_2 & \lambda_2 & \cdots & 0 \\ 0 & 0 & -\lambda_3 & \cdots & 0 \\ \vdots & \vdots & \vdots & & \vdots \\ \lambda_n & 0 & 0 & \cdots & -\lambda_n \end{bmatrix}$$

Li(2008)推导了 Erlang(n)条件下首打破时 Laplace 变换 $G(u; b)$ 的表达式

$$G(u; b) = \boldsymbol{a}\boldsymbol{H}\mathrm{e}^{-\Delta(b-u)}\boldsymbol{H}^{-1}\boldsymbol{g}^{\mathrm{T}} \tag{5.4.5}$$

其中, $\boldsymbol{H}$ 为如下的 Vandemonde 矩阵

$$\boldsymbol{H} = \begin{bmatrix} 1 & 1 & 1 & \cdots & 1 \\ \dfrac{\lambda_1+\delta-cr_1}{\lambda_1} & \dfrac{\lambda_2+\delta-cr_2}{\lambda_2} & \dfrac{\lambda_3+\delta-cr_3}{\lambda_3} & \cdots & \dfrac{\lambda_n+\delta-cr_n}{\lambda_n} \\ \left(\dfrac{\lambda_1+\delta-cr_1}{\lambda_1}\right)^2 & \left(\dfrac{\lambda_2+\delta-cr_2}{\lambda_2}\right)^2 & \left(\dfrac{\lambda_3+\delta-cr_3}{\lambda_3}\right)^2 & \cdots & \left(\dfrac{\lambda_n+\delta-cr_n}{\lambda_n}\right)^2 \\ \vdots & \vdots & \vdots & & \vdots \\ \left(\dfrac{\lambda_1+\delta-cr_1}{\lambda_1}\right)^{n-1} & \left(\dfrac{\lambda_2+\delta-cr_2}{\lambda_2}\right)^{n-1} & \left(\dfrac{\lambda_3+\delta-cr_3}{\lambda_3}\right)^{n-1} & \cdots & \left(\dfrac{\lambda_n+\delta-cr_n}{\lambda_n}\right)^{n-1} \end{bmatrix}$$

$$\Delta = \mathrm{diag}(r_1, r_2, \cdots, r_n)$$

在狭义 Erlang(n)分布 ($\lambda_1 = \lambda_2 = \cdots = \lambda_n = \beta$) 情况下, 式(5.4.5)可表达为

$$G(u; b) = \sum_{i=1}^{n}\left(\prod_{j=1, j\neq i}^{n}\frac{r_j-\delta/c}{r_j-r_i}\right)\mathrm{e}^{-r_i(b-u)} \tag{5.4.6}$$

其中 $r_1, r_2, \cdots, r_n$ 为方程(5.3.5)的 n 个根.

考虑到模型(具体变量分布和函数形式同 5.3 节第 3 部分)下, 盈余过程首次达到水平 b 的时刻 T_b 的 Laplace 变换 $G(u; b)$ 可表示为

$$G(u; b) = \frac{r_2-\delta/c}{r_2-r_1}\mathrm{e}^{-r_1(b-u)} + \frac{r_1-\delta/c}{r_1-r_2}\mathrm{e}^{-r_2(b-u)} \tag{5.4.7}$$

其中 r_1, r_2 为方程(5.3.23)实部不少于 0 的两根.

取 $\delta = 0.1$, $u = 10$, $\alpha = 1$, $\beta = 1$, $p = q = \dfrac{1}{2}$, 当保费率 c 和盈余水平 b

各自取不同值时, $G(u;\ b)$ 的数值结果见表 5.2.

表 5.2

$G(u;\ b)(\times 10^{-6})$		b	
		15	20
	1.1	0.4199	0.0617
c	1.3	0.6098	0.1090
	1.5	0.7309	0.1679

注:(1)上表表示在初始余额不同情况下,分别在盈余水平首次达到初始余额的 150% 和 200% 所需的时间;可理解为折现率(资本成本)为 10% 时,1 单位货币在 T_b 时刻之前的现值.

(2)可以看出,随保费率上升,盈余达到某水平所需的时间缩短;且使盈余达到更高水平需要时间更长,这是与现实规律相符的.

§5.5 破产前最大盈余水平的概率分布

对 $b > u$, 定义

$$\eta(u;\ b) = P(\sup_{0 \leqslant t \leqslant T} U(t) < b,\ T < \infty | U(0) = u)$$

为更一般新风险模型中破产发生、且在破产前盈余未能达到水平 b 的概率, $\eta(u;\ b)$ 亦可视为破产前最大盈余的概率分布函数. 进一步地定义带状的有关概率,在此之前,需要定义一个停时 T_0. 类似 5.4 节 T_b, 这里假定对 $b < u$, 盈余过程从下往上穿过水平 b 需要先"掉落"至 b 之下. T_0 则定义为破产后首次达到水平 0 的时刻,称为"恢复时",有关其详细定义和性质可参见 Gerber(1990)以及 Gerber&Shiu(1998)[6].

这里定义

$$\boldsymbol{\eta}_{i,\ j}(u;\ b) = P_i(\sup_{0 \leqslant t \leqslant T} U(t) < b,\ T < \infty,\ J(T_0 = j) | U(0) = u),\ i \in E$$

的过程初始状态为 i, "恢复时"对应状态为 j, 破产前盈余过程未能达到水平 b 的概率. 那么类似式(5.4.4), 有

$$\boldsymbol{\eta}(u;\ b) = \boldsymbol{a}\left(\eta_{i,j}(u;\ b)\right)_{i,j=1}^{n}\boldsymbol{g}^{\mathrm{T}},\ 0 \leqslant u \leqslant b \qquad (5.5.1)$$

其中 $\boldsymbol{a}$ 和 $\boldsymbol{g}$ 为 5.2 节第 2 部分中介绍的向量.

对 $0 \leqslant u \leqslant b$ 以及 $i,\ j \in E$, 定义 $\zeta_{i,j}(u;\ b)$ 的初始状态是 i, 初始盈余是 u, 在盈余水平不"掉落"到 0 以下的前提下, 达到水平 b 的概率. 明显地, 对任意 $i,\ j \in E$, 有 $\zeta_{i,j}(b;\ b) = I(j=j)$. 那么

$$\boldsymbol{\zeta}(u;\ b) = \boldsymbol{a}\left(\zeta_{i,j}(u;\ b)\right)_{i,j=1}^{n}\boldsymbol{g}^{\mathrm{T}},\ 0 \leqslant u \leqslant b \qquad (5.5.2)$$

是在盈余水平不"掉落"到 0 以下的前提下, 达到水平 b 的概率. 其中 $\zeta(b, b) = I$.

考虑破产前盈余是否能达到 $b(>u)$, 有

$$\psi_{i,j}(u) = \eta_{i,j}(u;\ b) + \sum_{k=1}^{n}\zeta_{i,j}(u;\ b)\psi_{k,j}(b),\ i,\ j,\ k \in E \qquad (5.5.3)$$

其中 $\psi_{i,j}(u)$ 表示初始状态为 i, 初始盈余为 u, "恢复时"对应状态为 j 时的破产概率. 用矩阵形式可记为

$$\left(\boldsymbol{\psi}_{i,j}(u)\right)_{i,j=1}^{n} = \left(\eta_{i,j}(u;\ b)\right)_{i,j=1}^{n} + \left(\zeta_{i,k}(u;\ b)\right)\left(\psi_{k,j}(b)\right)_{k,j=1}^{n},\ i,\ j,\ k \in E$$

$$(5.5.4)$$

且类似地有

$$\boldsymbol{\psi}(u;\ b) = \boldsymbol{a}\left(\psi_{i,j}(u;\ b)\right)_{i,j=1}^{n}\boldsymbol{g}^{\mathrm{T}},\ 0 \leqslant u \leqslant b \qquad (5.5.5)$$

注: 这里的破产概率 $\psi(u)$ 与 5.2 节和 5.3 节的破产概率是有区别的, 前者包含了关于"恢复时"的条件, 这里不包含.

Li(2008)[39] 推导了 $\left(\zeta_{i,j}(u)\right)_{i,j=1}^{n}$ 和 $\left(\eta_{i,j}(u)\right)_{i,j=1}^{n}$ 用破产概率矩阵 $\left(\boldsymbol{\psi}_{i,j}(u)\right)_{i,j=1}^{n}$ 的表达形式. 考虑 $\delta = 0$ 时的情况, 对于 $i,\ j = 1,\ 2,\ 3,\ \cdots,\ n$, 有

$$\left(\zeta_{i,j}(u)\right)_{i,j=1}^{n} = \left[\mathrm{e}^{Du} - \left(\psi_{i,j}(u)\right)_{i,j=1}^{n}\right]\left[\mathrm{e}^{Db} - \left(\psi_{i,j}(b)\right)_{i,j=1}^{n}\right]^{-1},\ 0 \leqslant u \leqslant b$$

$$(5.5.6)$$

其中, 矩阵 $\boldsymbol{D} = \boldsymbol{H}\Delta\boldsymbol{H}^{-1}$.

将上式代入式(5.5.4)中, 变形后有

$$(\eta_{i,j}(u))_{i,j=1}^{n} = (\psi_{i,j}(u))_{i,j=1}^{n} - [e^{Du} - (\psi_{i,j}(u))_{i,j=1}^{n}]$$

$$[e^{Db} - (\psi_{i,j}(b))_{i,j=1}^{n}]^{-1}(\psi_{i,j}(b))_{i,j=1}^{n} \qquad (5.5.7)$$

最后，由式(5.5.1)可得

$$\boldsymbol{\eta}(u) = \boldsymbol{a}\{(\boldsymbol{\psi}_{i,j}(u))_{i,j=1}^{n} - [e^{Du} - (\boldsymbol{\psi}_{i,j}(u))_{i,j=1}^{n}]$$

$$[e^{Db} - (\boldsymbol{\psi}_{i,j}(b))_{i,j=1}^{n}]^{-1}(\boldsymbol{\psi}_{i,j}(b))_{i,j=1}^{n}\}\boldsymbol{g}^{-1} \qquad (5.5.8)$$

对于破产概率矩阵 $(\boldsymbol{\psi}_{i,j}(u))_{i,j=1}^{n}$ 的计算，Li(2008)[39]给出了如下结论

$$(\boldsymbol{\psi}_{i,j}(u))_{i,j=1}^{n} = E(e^{-\delta T + DU(T)}I(T < \infty) \mid U(0) = u)$$

$$= H\mathrm{diag}(\rho_1(u), \rho_2(u), \rho_3(u), \cdots, \rho_n(u))H^{-1} \quad (5.5.9)$$

其中，$\rho_i(u) = E[e^{-\delta T}w_i(U(T), \mid U(t) \mid)I(T < \infty) \mid U(0) = u]$，即为罚金函数为 $w_i(x, y) = e^{-ry}$ $(i = 1, 2, \cdots, n)$ 的 Gerber-Shiu 函数.

根据以上结论，可以推导出索赔时间间隔服从狭义 Erlang(n) 情况下的结果. 由式(5.4.6)和式(5.5.9)有

$$\psi(u) = \sum_{i=1}^{n}\left[\prod_{j=1, j\neq i}^{n}\frac{r_j - \delta/c}{r_j - r_i}\right]\rho_i(u), \quad u > 0 \qquad (5.5.10)$$

进一步，考虑新模型关于以上结论的情况，具体变量分布和函数表达同 5.3 节. 由式(5.5.10)，有

$$\psi(u) = \frac{r_2 - \delta/c}{r_2 - r_1}\rho_1(u) + \frac{r_1 - \delta/c}{r_1 - r_2}\rho_2(u), \quad u > 0 \qquad (5.5.11)$$

其中 r_1, r_2 为方程(5.3.23)实部不少于 0 的两根，$\rho_i(u)(i = 1, 2)$ 是罚金函数为 $w_i(x, y) = e^{-ry}$ $(i = 1, 2)$ 的 Gerber-Shiu 函数. 因此，由 5.3 节第二部分中结论可知 $\rho_i(u)(i = 1, 2)$ 满足的更新方程为

$$\rho_i(u) = \frac{\beta^2}{c^2(r_2 - r_1)}\left[\int_0^u \rho_i(u - x)[T_{r_1}p(x) - T_{r_2}p(x)]\mathrm{d}x + T_{r_1}\varpi_i(u) - T_{r_2}\varpi_i(u)\right]$$

$$(5.5.12)$$

其中 $p(x) = (p + q\alpha x)\alpha e^{-\alpha x}$，且由式(5.3.2)，可知

$$\varpi_i(u) = \int_0^u w_i(u, y)p(u + y)\mathrm{d}y$$

$$= \frac{\alpha \mathrm{e}^{-\alpha u}\left[p + q + r_i + qu(\alpha + r_i)\right]}{(\alpha + r_i)^2} \qquad (5.5.13)$$

现在看一个例子，在 $\delta = 0$ 的情况下，$u = 10$，$\alpha = 1$，$\beta = 1$，$p = q = \dfrac{1}{2}$，可计算出保费率 c 取不同值时 $\rho_i(u)(i = 1, 2)$ 的值，进而分别由式(5.5.11)和式(5.5.9)得到破产概率 $\psi(u)$ 和 $(\psi_{i,j}(u))_{i,j=1}^n$ 的值，进一步由式(5.5.8)可得到对应的破产盈余可达最大水平的分布值.

表5.3　　　　　　　　以上假定条件下 $\eta(10; b)$ 的数值结果

$\eta(10; b)$		b	
		15	20
	1.1	0.5191	0.9309
c	1.3	0.3650	0.7148
	1.5	0.0164	0.3348

结论：从表5.3中可以看出随保费率的增长，破产前盈余低于某特定水平的概率在下降；在固定保费率下，盈余水平越高，则破产前低于该水平的概率越大. 这与现实规律是相符的.

参 考 文 献

[1] Gerber, H. U. , Shiu, E. S. W. The joint distribution of the time of ruin, the surplus immediately before ruin, and the deficit at ruin [J]. Insurance: Mathematics and Economics, 1997, 21: 129-137.

[2] Gerber, H. U. , Shiu, E. S. W. On the time value of ruin [J]. North American Actuarial Journal , 1998, 2: 48-72.

[3] Lin, X. S. , Willmot, G. E. Analysis of a defective renewal equation arising in ruin theory [J] . Insurance: Mathematics and Economics, 1999, 25: 63-84.

[4] Dickson, D. C. M. , Hipp, C. Ruin probabilities for Erlang(2) risk process [J]. Insurance: Mathematics and Economics, 2001, 29: 333-334.

[5] Willmot, G. E. , Dickson, D. C. M. The Gerber-Shiu discounted penalty function in the stationary renewal model [J]. Insurance: Mathematics and Economics, 2003, 32: 403-411.

[6] Pavlova, K. P. , Willmot, G. E. the discrete stationary renewal risk model and the Gerber-Shiu discounted penalty function [J]. Insurance: Mathematics and Economics , 2004, 35: 267-277.

[7] Gerber, H. U. , Shiu, E. S. W. The time value of ruin in a Sparre Andersen model [J]. North American Actuarial Journal, 2005, 9(2): 49-84.

[8] Li, S. , Lu, Y. On the expected discounted penalty functions for two classes of risk processes [J]. Insurance: Mathematics and Economics , 2005, 36: 179-193.

[9] Ahn, S. , Badescu, A. L. On the analysis of the Gerber-Shiu dicsounted

penalty function for risk processes with Markovian arrivals [J]. Insurance: Mathematics and Economics, 2007, 41: 234-249.

[10] Lin, X. S. , Willmot, G. E. , Drdkic, S. The classical risk model with a constant dividend barrier: analysis of the Gerber-Shiu discounted penalty function[J]. Insurance: Mathematics and Economics, 2003, 33: 551-556.

[11] Yuen, K. C. , Wang G. J. , Li, W. K. The Gerber-Shiu discounted penalty function in a constant dividend barrier [J]. Insurance: Mathematics and Economics, 2007, 40: 104-112.

[12] Gerber H. U. An extension of the renewal equation and its application in the collective theory of risk[J]. Scandinavian Actuarial Journal, 1970, 1: 205-210.

[13] Tsai , C. C. L. , Willmot , G. E. A generalized defective renewal equation for the surplus process perturbed by diffusion [J]. Insurance: Mathematics and Economics, 2002, 30: 51-66.

[14] Tsai , C. C. L. On the expectations of the present values of the time of ruin perturbed by diffusion [J]. Insurance: Mathematics and Economics, 2003, 32: 413-429.

[15] Sarkar , J. , Sen, A. Weak convergence approach to compound Poisson risk processes perturbed by diffusion [J] . Insurance: Mathematics and Economics, 2005, 36: 421-432.

[16] Avanzi B, Gerber H. U, Shiu E. S. W. Optimal dividends in the dual mode [J]. Insurance: Mathematics and Economics, 2007, 41: 111-123.

[17] Gerber H. U, Smith N. Optimal dividends with incomplete information in the dual mode[J]. Insurance: Mathematics and Economics, 2008, 43(2): 227-233.

[18] Bayraktar E, Egami M. Optimizing venture capital investment in a jump diffusion mode [J]. Mathematical Methods of Operations Research, 2008, 67: 21-42.

[19] Prieger J E. A flexible parametric selection model for non-normal data with

application to health care usage[J]. Journal of Applied Econometrics, 2002, 17(4): 367-392.

[20] Tang Q, Vernic R. The impact on ruin probabilities of the association structure among financial risks[J]. Statistic and Probability Letters, 2007, 77: 1522-1525.

[21] Smith M D. Stochastic frontier models with dependent error components[J]. Econometrics Journal, 2008, 11: 172-192.

[22] Gerber H U, Shiu E S W. On the time value of ruin[J]. North American Actuarial Journal, 1998, 2: 48-78.

[23] Wu Rong, Lu Yuhua, Fang Ying. On the Gerber-Shiu discounted penalty function for the ordinary renewal risk model with constant interest. North American Actuarial Journal, 2007, 11(2): 119-134.

[24] Dickson D C M, Hipp C. On the time to ruin for Erlang(2) risk processes. Insurance: Mathematics and Economics, 2001, 29: 333-344.

[25] Cossette H, Marceau E. Analysis of ruin measures for the classical compound Poisson risk model with dependence [J]. Scandinavian Acturial Journal, 2010, 3: 221-245.

[26] 林元烈. 应用随机过程[M]. 北京: 清华大学出版社, 2004.

[27] R. 卡尔斯, M. 胡法兹, J. 达呐, 等. 现代精算风险理论[M]. 北京: 科学出版社, 2005, 1-84.

[28] D. R. Cox, V. Isham. Point Processes[M]. London: Chapman and Hall, 1980.

[29] 戚懿. 广义复合 Poisson 模型下的破产概率[J]. 应用概率统计, 1999 (2): 3-8.

[30] W. Feller. An Introduction to Probability Theory and Its Applications, Vol. II, John Wiley & Sons, Inc. 1971.

[31] 邓永录, 梁之舜. 随机过程及其应用[M]. 北京: 科学出版社, 1998.

[32] Alfredo Egidio dos Reis. How long is the surplus below zero[J]. Insurance: Mathematics and Economics, 1993: 12.

［33］Jan Grandell. Aspects of Risk Theory［M］. Berlin：Springer-Verlag. 1990.

［34］薛英. 古典风险模型的一个推广［J］. 阴山学刊，2007，21(3).

［35］Asmussen S. On the collective theory of risk in case of contagion between claims. Bulletin of the Institute of Mathematics and its Application，1992，12：275-279.

［36］Dickson D C M，Hipp C. Ruin probabilities for Erlang(2) risk processes［J］. Insurance：Mathematics and Economics，1998，22：251-262.

［37］Gerber H U. When does the surplus reach a given target？［J］. Insurance：Mathematics and Economics，1990，9：115-119.

［38］Gerber H U，Shiu E S W. The time value of ruin in a Sparre Andersen model［J］. North American Actuarial Journal，2005，9：48-78.

［39］Li S. The time of recovery and the maximum severity of ruin in a Sparre Andersen mode［J］. North American Actuarial Journal，2008，2：24-41.

［40］Li S，J Garrido. On ruin for Erlang(n) risk process［J］. I nsurance：Mathematics and Economics，2004，34：391-408.

［41］Neuts M F. Matrix-Geometric Solutions in Stochastic Models［J］. Baltimore：Johns Hopkins University Press，1981.

［42］薛英. 两类风险模型的一个比较［J］. 阴山学刊，2007(4).

［43］陈向华，薛英. 多发风险模型的负盈余持续时间分布的计算［J］. 内蒙古农业大学学报(自然科学版)，2008，29(3)：183-188.

［44］薛英，刘鹏，王佳佳. 相依对偶模型的 G-S 函数［J］. 南开大学学报，2013，46：64-69.

［45］薛英，刘鹏. 常分红壁下相依对偶模型的 G-S 函数［J］. 南开大学学报，2014，47：1-11.

［46］薛英，牛耀明，徐浩. Erlang(2)模型在多发点过程上的推广的 G-S 函数［J］. 南开大学学报. 2018，51：74-79.